近江商人の哲学

「たねや」に学ぶ商いの基本

山本昌仁

講談社現代新書

2489

まえがき

菓子屋が観光客一位に

いま滋賀県でもっとも人の集まる場所がどこだかご存じでしょうか？　たねやグループのフラッグシップ店「ラ コリーナ近江八幡《おうみはちまん》」です。

ほんの数年前まで、滋賀県の観光の中心地は彦根や長浜で、近江八幡は「年間八十万人いったら御の字や」と言われたものです。よく時代劇の撮影で使われる八幡堀など観光資源はあるのですが、決して観光客が多いとは言えなかった。

ところが、二〇一五年に「ラ コリーナ近江八幡」がオープンすると、宣伝も観光バスの誘致もしていないのに、訪問者がどんどん増えていきます。二〇一七年にラ コリーナを訪れた人は、なんと二百八十五万人。なぜか菓子屋の店舗が、滋賀県一の観光スポットになってしまったのです。

さすがにこの数字には、私たちも驚いています。オープン前は「こんなに駐車場あって

「ラ コリーナ近江八幡」の広大な敷地中央には田んぼ。左の草に覆われた屋根がメインショップやカステラショップ

も埋まらへんやろ。半分は閉めとけ」なんて言っていたのに、駐車場を増設して、自家用車五百台、観光バス十五台体制にしても溢れてしまう。

週末になると、入りきれない車が施設前の道路で長い行列を作る事態となり、「たねや渋滞」なる不名誉な言葉まで生まれてしまいました（周辺住民の皆様にご迷惑をおかけしている状況ですが、道路の問題は私たちで解決できないのです。臨時駐車場を増やすなどの努力はしていますが……）。

近く入場者は三百万人を突破するでしょうが、こうなるとテーマパーク第三位のハウステンボスと変わりません。ところが、ラ コリーナには派手なアトラクションなど存在しないのです。ある意味、何もない。もちろん店舗は少しありますが、甲子園球場三つぶんという広大な敷地の大半は自然です。
では、どうしてそんな場所に人が押しかけるのでしょうか？

「ここにしかない」から人が集まる

ここはかつて厚生年金休暇センター「ウェルサンピア」でした。プールやテニスコート、ホテルにゴルフ練習場と、さまざまな施設が揃っていました。でも、全国的に国の方針で売却されることになったのです。

その跡地を買い取ったとき、私たちがいちばん最初にやったのは、人工物をすべて取り払って更地にし、木を植えることでした。木といっても、どこかから立派な桜の大木を運んできたわけではありません。この土地にもともとあった木を植えた。隣の八幡山に登ってドングリを拾い、その苗木を植えたのです（そういう意味で、森が育ってラ コリーナが完成するのは五十年後百年後です）。

近江八幡の昔ながらの懐かしい風景を取り戻したい。そのためには雑草も必要です。近くの河川敷まで出かけて、わざわざ「この土地の在来種の雑草」を集め、ラ コリーナに移植しました。敷地の中心には田んぼを作りました。オーガニックの野菜や、各店舗に飾るための山野草も育てています。これからは小川を作ってホタルを呼ぶ予定です。

敷地中央に作った田んぼの畔道に本社を背に立つ著者

過去の風景を再現するだけでは意味がないので、建築家の藤森照信先生（東京大学名誉教授）に、中心エリアのデザインをお願いしました。メディアでもよく取り上げられる草屋根のメインショップや、カステラショップ、銅屋根の本社棟は藤森先生の設計。八幡山を借景に、屋根全体が草で覆われた建物が立ち上がる姿は、まさに「ここでしか見られない風景」を作り出しています。

敷地の三分の二は自由に散策できますが、足場の悪い場所もあえて整備せず、自然を体感できる場所にしてあります。つまずくこともあるでしょう。雨の日は濡れることもあるでしょう。雪の日は寒い思いをすることもあるでしょう。でも、そこから何かを感じ取ってほしい。「自然に学ぶ」がラ　コリーナのテーマなのです。

巨大な建物の中で快適に買い物ができる場所は、全国に無数にあります。同じものを求めて、わざわざ遠くの近江八幡まで来る人はいないはずです。近江八幡駅から徒歩なら三十〜四十分もかかる不便な場所に、全国から人が集まるのは、「ここにしかないもの」があるからなのだと思います。

不便だから行かない——。もうそんな時代ではありません。不便でも、そこでしか見られないもの、体験できないものがあれば、お客様はやってくる。便利な施設では大都会に勝てませんが、逆にこれだけ広大な土地を大都会で確保するのは不可能です。土地が簡単に手に入れば、都会のように上へ上へと伸ばしていく必要もない。そのぶん贅沢な空間設計が可能になる。

近江八幡にしかできないことがある、と私たちは考えています。地方には地方の闘い方があることを、ぜひ知っていただきたいと思っています。

「生き方」を見せる場所

実は、ラ コリーナの構想が固まるまでは、かなりの紆余曲折がありました。その迷走ぶりについては本文で詳しくご紹介しますが、もう「自然に学ぶ」というテーマが揺らぐことはありません。

融資を受ける際には「なんで菓子屋が田んぼをやる必要があるんや」と言われました。でも、お米がなければ、明日から大福も作れません。お米がどうやって育つかを体験し、

ラ コリーナの焼きたてバームクーヘン売場は大行列

知ることも、私たちにとっては大切なことなのです。

ラ コリーナには複数のショップがあるので、他の路面店の二〜三倍の売上があります。店舗面積に余裕があるぶん、和菓子も洋菓子もフルアイテムを並べられる。ここでしか買えない商品もたくさんあります。焼きたてのバームクーヘンや焼きたてのカステラが食べられることもあって、休日になると各売場に長い行列ができます。バームクーヘンなど三十分待ちになることもあります。

とはいえ、店舗は敷地のごくごく一部。敷地のほとんどは空き地です。数々のショップを並べて土地を有効活用し、もっと稼ぐことは可能でしょう。でも、それは私たちの本意ではない。ここは何かを売る場所というより、「たねやの生き方」を知っていただく場所なのです。

利益を追うことしか考えなければ、いつかは破綻する。目先の利益より大切なものがあるというのが、我が家に伝わる先祖の教えです。

ラ コリーナはあくまで出発点であって、最終的には近江八幡の町全体を変えていきたい。遠くからでも遊びに来たい場所、終《つい》の棲家として移り住みたい場所に。そのために八幡山の竹林を整備したり、西の湖《にしのこ》（琵琶湖の内湖）のヨシの刈り取りをしたりと、ボランティア活動にも力を入れています。

自然の再生だけでなく、「まちづくり会社まっせ」を立ち上げて町並み保存や古民家の再生にも乗り出しました。祭りを盛り上げたり、自転車ツアーを企画したり、近江八幡を魅力的な町にするために知恵を絞っています。

こうした活動をする背景には、たねやを育ててくれた近江八幡に恩返しがしたい、という思いがあります。近江八幡は「自分の家」だという意識が強いのです。

現代の近江商人か？

江戸時代、全国をまたにかけて活躍したのが近江商人。近江に本拠地を残したまま、全国で行商をおこないました。「諸国産物回し」といって、その土地に足りない物産を運び込むので、現地の人々から喜ばれた。

例えば、当時の蝦夷地（北海道）へ近江商人が米や古着を運び込んだ。そして北の海でしかとれないニシンや鮭、数の子や昆布といった海産物を持ち帰る。帰路の荷物は、南の人たちや海のない土地の人たちを喜ばせることになる。必要とされるものを運び込めば、人に感謝されながらお金を稼ぐことができます。

最初は体ひとつの小商《こあきな》いです。そのなかから、江戸に大店《おおだな》をかまえるような商人も現れてきます。このクラスになると行商というより、北前船に大量の商品を積み込んで蝦夷地へ向かう世界です。

ここで面白いのは、成功した近江商人には、故郷に橋をかけたり、寺社仏閣に寄進したり、山に木を植えて治水をやる人が珍しくないことです。先人たちも似たようなことを考えていたのだなあ、と感じるときがあります。彼らにとっても、近江は自分の家だったのでしょう。

近江商人と聞いて、「売り手よし、買い手よし、世間よし」の、いわゆる「三方《さんぼう》よし」を連想された読者は多いでしょう。バブル経済がはじけた頃、近江商人が注目されはじめ、いまやその言葉だけが独り歩きしている印象は否めません。このキーワードをどう解釈すべきかは本文で述べるつもりですが、少なくともその精神が現代に受け継がれていることは事実だと思います。

もちろん経営者としての私が「近江商人だから○○しなければ」と発想することはないのですが、「現代の近江商人ですね」と評されることが少なくありません。講演を頼まれるときも、そういうテーマが多いのです。私は近江商人の研究者ではないので正直、戸惑う部分もあります。ただ、私どものやっていることが、かつての近江商人に似ているように見えるのだと思います。

目先の利益を追うのでなく、まずは相手が喜ぶことを考える（「先義後利《せんぎこうり》」といいます）。細く長くであっても、組織が永続することを優先する。ビジネス相手だけでなく、それ以外の人々（世間）の利益も考える。生まれ育った地域に還元する。本社は地元から動かさない……。言われてみれば、その通りなのかもしれません。

こう言うとビックリされるのですが、実は私は会社の売上にほとんど興味がありません。社員にもつねづね「数字ばっかり見るな。お客様を喜ばせることだけ考えろ。お客様の顔だけ見ていれば、数字はあとからついてくる」と言っています。商いの基本はそこにあるというのが、我が家に伝わる教えなのです。

ちなみに、江戸時代に近江商人が大活躍していた頃、「三方よし」なる言葉は存在しませんでした。実はこれ、後世の人がつけたキャッチフレーズみたいなものです。個々の商人たちは日々の商いに忙殺され、そんな言葉を考えている余裕はなかった。外から見たほうが本質は見えるのでしょう。本人はさほど意識していないのに、たねやが「現代の近江商人」と呼ばれるのも、似たようなことかもしれません。

もちろん、過去をそのまま真似ても仕方ありません。それでは歴史を学ぶ意味がない。現代に生きる私たちは「近江商人の精神を現代のビジネスにどう生かすか」を考えないといけない。私もつねに「近江商人魂を風化させないために何が必要なのか？」ということは、問題意識として持ち、社会に必要とされる会社と人であり続けたいと願っています。

いま近江商人が注目されているのは、「ＣＳＲ（企業の社会的責任）」との関連だと思います。社会や地域に貢献すること、環境を保護すること、持続可能な発展のあり方を考えること……。いまの時代に求められているものを、すでに江戸時代に考えていた。その驚きが、興味をかきたてるのではないでしょうか。

和菓子を食べる人がどんどん減り、和菓子業界は縮小を続けています。そんななか、たねやが逆に急成長を続けているのは、どうしてなのか。私たちがどんな問題にぶつかり、何を考え、どういう理由で何を決断したのか。そうしたディテールをたっぷり紹介しようと思っています。

菓子の話だけでなく、社会から求められる会社であるために何をやっているのか、という話もするつもりです。ちなみに、たねやは二〇〇六年、滋賀経済同友会が主催する「第一回　滋賀ＣＳＲ経営大賞」をいただきました。もし私どもの活動のなかに現代的な近江の商人《あきんど》渡世を見出していただけるのでしたら、こんな嬉しいことはありません。

目次

廣正統苑の教え／たねや八つの心／仕入部と社会部

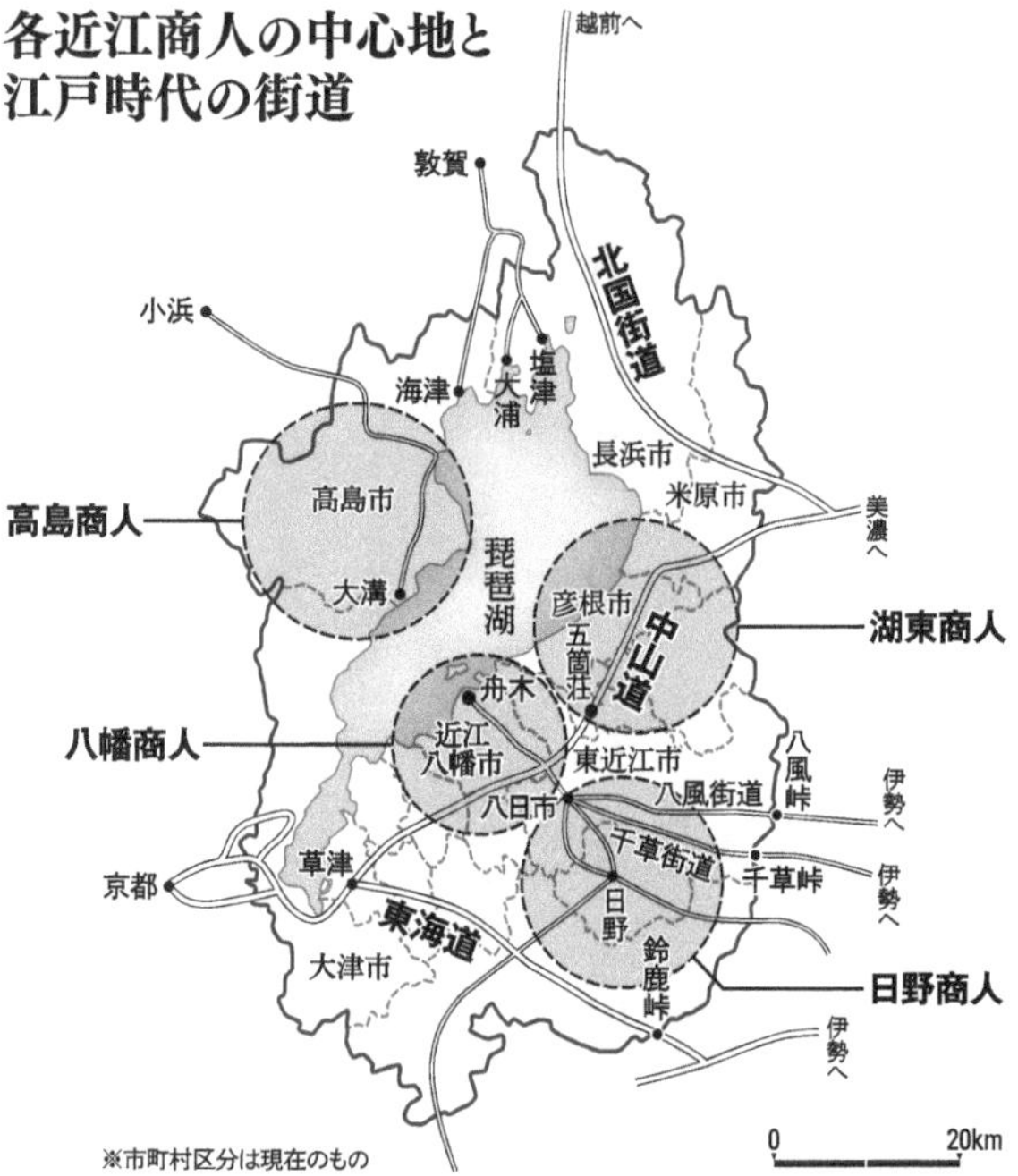

地図制作：アトリエ・プラン

第一章　たねやはなぜウケたのか

夏のたねや、冬の虎屋

夏は菓子屋の鬼門です。暑いと甘いものが食べたくなくなりますし、甘党の人でも食べる個数が減る。これは和菓子、洋菓子で違いがありません。どこの菓子屋も夏場は苦戦する。

お歳暮、クリスマス、正月などの集中する年末年始が、菓子屋の繁忙期です。そこからひな祭り、ゴールデンウィークぐらいまでは和菓子が売れる。しかし、そのあと秋に栗が出てくるまでは閑散とするのが普通なのです。

クーラーが一般化していなかった昔は、なおさらそうでした。私が小学校低学年だった一九七〇年代後半、夏休みに入ると、うちの菓子職人からよく声がかかりました。小学校のグラウンドでキャッチボールしようというのです。要は、「秋まではバタバタせんと、いまのうちに体を休ましとけ」という時代だった。

しかし、父（当時の社長で、現会長の山本徳次）が、これではダメだと考えます。「なんで工場を遊ばせてるんや。夏を忙しくせなあかん」と。そこで夏でも食べたくなる菓子を開発し、水羊羹や梅ゼリーが大ヒットします。

関西と関東ではお盆がズレていることも幸いしました。関西をはじめ全国的に旧盆（八月）が一般的ですが、東京など一部地域では新盆（七月）です。たねやは東京を中心とした都市部に出店しているので、仏前にお供えする和菓子が両方の時期に売れる。七月の初めから八月の半ばまでロングセラーで売れ続けるわけです。

普通の菓子屋は年末年始が忙しいといっても、期間が限られます。「工場がフル回転するのは大晦日だけや」なんて声を聞くぐらい、短い期間に集中している。それを考えると、夏に一ヵ月半も工場がフル回転するのは、非常にありがたいことなのです。

夏向けの商品を充実させたライバルがいなかったこともあり、夏はたねやの独擅場になりました。二十年ぐらい前からは、特にデパートの方々から「夏のたねや、冬の虎屋」と言われるようになった。いまや一年間でもっとも売上が多いのが、五月の連休明けから八月半ばまで。これは業界的に非常に珍しいことだと思います。

こうなると気になるのが、比較的弱かった一月と二月。ところが、この弱点も最近、クラブハリエ（たねやグループの洋菓子部門）のチョコレートが好調なことで、カバーしてしまいました。なにしろバレンタインの時期、一ヵ月間で七億円を超える売上があるのですから、強力すぎる援軍といえるでしょう。特にJR名古屋髙島屋ではここ数年トップの売上を維持しています。

菓子屋の商いに季節性は必ずついて回ります。もちろん、季節に合わせて多品種を用意する苦労はあるのですが、和洋菓子を展開しているおかげで売上が安定しているわけです。

これからは種子が売れる

たねやグループの二〇一七年の売上は二百億円を突破しました（和菓子と洋菓子を合わせての数字です）。「お客様に手渡すところまで自分たちでやる」がモットーなので、同業他社に比べてスタッフ数が非常に多い。全スタッフ数二千人、そのうち千百人強が正社員です。ここまで大きな菓子屋はないと思います。

とはいえ、私が生まれた頃のたねやはこんな存在ではありませんでした。家族だけで細々と営業するような、ちっぽけなお店。もちろん店舗は近江八幡にしかありません。地元でしか知られていない存在でした（地元と言っても、滋賀県のことではありません。近江八幡のことです）。

では、どうして、ここまで急拡大を遂げることができたのか？　この章では父が社長をしていた時代の話を中心に、ご説明したいと思います。

先祖は江戸時代、近江八幡で材木商をやっていました。詳しい記録が残っていないのですが、私で十代目ですから、初代は三百～四百年前なのでしょうか。ただ、儲かりすぎて遊びほうける人がいて、全財産をなくしてしまったようです。そこで商売を鞍替えする。穀物や根菜類の種子を売る仕事に転じたのです。

この種屋も儲かったようです。江戸時代の初期は全国的に建築ブームで、建材が絶対的に不足していました。後期になると開発ラッシュも終わり、木材の需要も減る。「種やったら、少なくとも一年に一回は農家が必要とするはずや」と考えたのかもしれません。時代の流れを読み、「これから必要とされるのは、この商いだ」と判断する力があったのだと思います。

近江八幡に開いた菓子屋一号店「種家末廣」

菓子屋に転じたのは一八七二年（明治五年）です。七代目の山本久吉が近江八幡に「種家末廣」という店を開いた（のちに「種家」と改名）。久吉は私の曽祖父に当たる人なので、私は菓子屋としては四代目ということになります。

南国でしか作れない砂糖は非常に高価な食材。江戸時代は庶民の口にそうそう入るものではありませんでした。でも、明治維新で新しい世の中になり、これからは庶民も砂糖で作った菓子を食べる時代になる。そう読んだのでしょう。

菓子屋初代の久吉は京都で、二代目の脩次は東京で修業をしていますが、さほど本格的な修業ではなかったは

昔の菓子の木型

ずです。当時は甘いものなら何でも売れた。砂糖を固めて色を塗れば、お客様は喜んで買っていかれた。変な言い方になるかもしれませんが、品質はあまり関係ない時代だったのです。

ラ コリーナのメインショップに、木型がたくさん展示されています。砂糖を水に溶いて、こうした木型に流し込んで固める。それだけで飛ぶように売れたのです。そういう意味では菓子屋で成功したことよりも、むしろ明治初期に貴重な砂糖を確保した「商人としての力量」のほうを評価すべきかもしれません。

ちなみに、私が子供の頃もまだ、結婚式やお歳暮などで、鯛の形をした砂糖が贈られていました。いまやそんな時代ではなくなり、木型も干菓子を作るときぐらいしか使われません。だから、装飾として店舗の壁を飾るだけの存在になったのです（日本の古い木型は海外でも「美術品として」人気で、ニューヨークのアンティーク店で数十万円の値がついているのを見たことがあります）。

なぜ「種家」と書いていたか

昨日まで種子を売っていたものが、今日から菓子を売る。地元の人も困惑したのでしょう。商売替えしても「種屋」と呼ばれたようです。たねやという名前は、地域のみなさんからつけていただいたものなのです。

祖父（二代目の脩次）や父（三代目の德次）は、この名前が嫌でたまらなかったそうです。菓子屋としての誇りがあるのに、いつまでも種屋扱いされる。プロの菓子屋として認めてもらっていない気分になったのでしょう。「菓子屋で種屋って。結局、お前は何屋なんや？」と笑われることもあったようです。

初期は「種家」と漢字で表記していたのも、少しでも立派に見せたい気持ちがあったからかもしれません。当時の看板を見ても「甘味　種家」とか「お菓子処　種家」とか「お菓子司　種家」とか、必ず何を商っているお店かが明示されています。非常に小さな看板があったり、「甘味」の文字は大きいのに「種家」の文字が小さかったりするのは、恥ずかしい名前を隠したかったのかもしれません。

これはお客様につけていただいた大切な名前なんだ。着飾る必要がどこにある。ありのままの姿を見ていただこう。「たねやは、たねやでええやないか」と開き直れたのは、一九八四年に日本橋三越店をオープンして以降のことです。それ以来、「たねや」とひらがなで表記するようになった（東京への出店はいろんな意味で大きな転機となるのですが、それについては、おいおい説明します）。

日本橋三越の東京一号店から「たねや」表記に

当初から高級路線だった

ところで、名前が恥ずかしいというわりには、種家は地元で高級店というイメージをもたれていました。名物は栗饅頭と最中《もなか》でしたが、周囲と比べると倍ぐらいの値段がした。近江八幡限定ながら、敷居の高いお店だった。

これは進物用として使われることが多かったからです。昔はホテルでなく、料理屋で結婚式をやるのが普通でした。こうした料理屋に引き出物をおさめていたのです。羊羹や煉《ねり》切《きり》などが入った「三つ盛」「五つ盛」など格式のある引き出物で、当然、値段が張ったほうが喜ばれます。

祖父は冠婚葬祭に力を入れていました。お葬式で必ずたねやの栗饅頭・最中が使われるよう走り回った。本来は庶民的な菓子である栗饅頭も、法事で使われるとなれば高級感が求められます。包装紙のロゴが小さいと、お叱りを受けることもあったようです。「高いもん買うてんねんから、目立つとこに名前入れといてもらわな困る」と。

父が子供の頃、祖父はよく「菓子屋はいいんやで」と語り聞かせていたそうです。「こんないい商売はない。自分で値段を決められるんやから」と。

まあ、息子に跡を継がせたいから、魅力的な仕事だと洗脳する面もあったでしょう。でも、値段を高めに設定した意味は大きかった。もちろん、法外な利を乗せていたわけではないのです。でも、高単価で売れるなら、高価な食材も使えるので、必然的に品質も上がっていく。作り手として打てる手が広がっていくわけです。このことが私たちの商いに大きなアドバンテージを与えてくれました。

和菓子業界が縮小して倒産が相次ぐなか、地方で行き残れるのは上か下だけです。ただ、安さで勝負するとなると、大手メーカーにかないません。中途半端な値段設定をしている家族経営の菓子屋は、非常に苦労されている。地方の菓子屋でありながら、たねやが成長

高級路線で売れた「栗饅頭」と「斗升最中」

を続けられるのは、高級路線を選んだからなのです。

たねやの栗饅頭は百五十円と、地元で売られているものの倍はするのですが、その値段設定が認められているおかげで、よりおいしいものが作れる。商品に百五十円以上の価値をつけることだけに集中できる。「たねやの値段は高い。せやけど、買うて損はしいひん」というイメージを作ってくれた祖父には感謝の念でいっぱいです。

一人一人のお客様と向き合う

一九六六年、祖父が六十歳の若さで亡くなります。父がまだ二十代半ばの頃です。父は次男ですが、男兄弟三人で家業を継ぐことになりました。そして一九七二年に株式会社化する形で父が独立し、たねやの社長に就任しました。

父が祖父と違ったのは、冠婚葬祭で大口注文をとるより、店舗で一人一人のお客様に売るほうへ軸足を移したことです。

祖父の時代は店舗での売上が非常に少なく、外へ売りに歩くほうがメインでした。大口の注文をとって、配達する。父が若い頃の仕事は外回りばかり。だから、近江八幡で最初に自動車（オート三輪）を買ったのはたねやでした。

でも、頭を下げる相手は料理屋やホテル、企業の総務担当者などであって、実際に菓子を召し上がっていただくお客様ではありません。「これでええんやろか？」という思いがあったし、外商の仕事にプライドがもてなかった。そこで、店でお客様に直接売るほうに重心を移そうと。

これはのちの話になりますが、たねやはバブル時代、ホテルや料理屋などから大口注文をとることをやめ出します。二〇〇〇年代に入る頃には、ほとんどなくなりました。値引きしてでも大量に卸すことより、店で売ることを選んだのです。

デパートのお中元・お歳暮のカタログに載せるのも、いまは縮小傾向にあります。カタログのいい場所に載せてもらうのに何千万円もかかりますが、それ以上に売れますから、大きな収入源です。一口一万円もするような注文が、何百、何千という単位で入るのですから、ものすごく楽な商売と言える。あれほど大きな売上を捨ててしまうなんて、よく決断できたなと思います。

地元のホテルからも「こんなに注文したってるのに、なんでやめるんや」とお叱りを受けました。「アホちゃうんか」と。たしかに利益だけを考えれば、利口な選択ではなかったかもしれません。

でも、これが同業他社との明暗を分けることになります。バブル崩壊で、そうした大口注文が激減する。大口注文に頼り切っていた菓子屋は潰れたり、大手の下請けになったりする道をたどります。しかし、一般のお客様は「バブルがはじけたから、もう和菓子は買わない」なんてふうにはなりません。たねやの売上はバブル崩壊の影響を受けなかった。バブルの絶頂期で「一人一人のお客様と向き合う」決断をしておいたことが、たねやを救ったわけです。

とはいえ、これはのちの話。店売りに重心を移すといっても、その裏付けがなければ何もできません。ところが、父が社長になった当時は近江八幡の一店舗しかなかった。まずは店舗数を増やす必要があったわけです。

これは支店やない、憧れの本店や

実は、我が家には家訓がありました。父も、祖父から耳が痛くなるほど言い聞かされていた言葉です。

支店出すべからず――。

身の丈をわきまえず手を広げると、商品がいい加減なものになり、いずれ事業はたちゆかなくなる。だから、本店の商いに集中すべきだ、という教えです。

それでも父は支店を出します。祖父が亡くなった翌一九六七年には早速、近江八幡の駅前に支店を出しました。一九七二年には守山店も出して、これが市外出店の第一号です。一九七六年には大津西武店を出して、これがデパート出店の第一号。近江八幡店と合わせて四店舗体制になった。

ところが、いまひとつ売上が伸びません。家訓に背いてまで決断したのに、なぜうまくいかないのか。真剣に悩んだようです。

いまにして考えれば、覚悟が足りなかった。近江八幡駅前店というのは、母と父方の祖母、叔母の三人だけで営業する小さなお店。なぜ身内で固めたかといえば「給料を払わんでもええから」という理由です。守山店のほうも知り合いの店舗で売ってもらっており、のちの守山玻璃絵《はりえ》館のような直営店ではなかった。リスクを減らすために、中途半端な出店をしていたわけです。

支店を出すのであれば、家族ともども移り住んで、すべてを投げ出して全力投球する。本店以上の存在に育てる覚悟が必要だ、と父は気づきます。だから、これ以降、たねやに支店は存在しません。「これは支店と違う。全部が憧れの本店や」という理屈です。私は子供心に「屁理屈やん」と思ったものですが、いまはよく理解できます。

実際、ここからの全力投球ぶりはすごかった。次に出したのは一九七九年の八日市店ですが、家族全員で八日市へ移り住みました。近江八幡の自宅は売り払い、退路を断っての八日市進出です。これでは絶対に失敗できない。

オープンの三ヵ月前から、スタッフ総出で近所の家を一軒一軒、お菓子をもって挨拶回りしました。一度食べてもらえさえしたら、必ずファンになっていただける。「せやから、少々損しても、ケチらんと配れ」と。

私は当時、小学四年生だったのですが、「十円でも領収書をもらえ」と言われ、閉口しました。領収書をもらうのが目的ではなく、大きな声で「たねやです」と言うのが目的なのです。私は祖父や父と違い、たねやの名前を恥ずかしいと思ったことは一度もないのですが、さすがにこのときは恥ずかしかった。

明治五年からやっているぶん近江八幡では名前を知られていますが、隣町の八日市ですら「たねやって何屋やねん」の世界です。誰も知らないので、一人一人が広告塔にならないといけない。小学四年生でもです。

一九八三年に彦根店を出したときも、このローラー作戦は実行されています。自転車での挨拶回りと、一人一人が広告塔。私は中学生になっていたので、八日市から引っ越すことまではありませんでしたが、「買い物は八日市でするな。彦根まで行って買え。ほれで領収書もうてこい」と言われていました。

でも、父の本気度が伝わったのか、八日市店は時間をおかず、売上でも客数でも近江八幡店を上回りました。本店を超える支店というか、まさに「憧れの本店」になったわけです。

なお、たねやには現在にいたるも、本店なるものは存在しません。登記上、この時代なら近江八幡店、現在は日牟禮乃舎《ひむれのや》を本店として登録してはいますが、スタッフの誰もその店のことを本店と呼びません。そういう意味で、「すべてが本店」主義は、いまにいたるも受け継がれています。

自信のあるものだけで勝負する

大津西武店のほうの失敗は、近江八幡駅前店・守山店とはまた違う原因からでした。欲張りすぎて、自分の強みを見失っていたのです。

いまのように大きなスペースをもらえたわけではないのですが、初のデパート出店ということで、肩に力が入っていました。当時のフルアイテムである二十二品目を並べた。でも、売れない。一日に一個も売れない商品まであったようです。

デパートからは責められました。赤字続きでも耐えに耐えたのですが、三年目に音を上げます。「もう無理や。夏には撤退する」。売れない商品を徐々にショーケースから下げていったところ、なぜか急に売れ出した。

最終的には栗饅頭、最中、手作り最中もどり天平《てんぴん》（ふくみ天平の前身）の三品目まで減らしましたが、まさかの黒字転換。撤退直前で切り返し、大津西武店はいまも続いています。

このとき売れた栗饅頭・最中は、まさにたねやの看板商品。創業時からもっとも人気のある菓子です。いわば自信のある商品でした。祖父の時代は栗饅頭・最中だけといっていいような品揃えだったのです。

ところが、父が社長になったあと、どんどん商品開発をして、品目を増やした。もちろん品揃えを増やすこと自体は間違っていないのですが、背伸びするあまり、そのすべてを小さなショーケースに目いっぱい詰め込んでしまった。弱い商品が看板商品の足を引っ張り、その印象を弱めていたわけです。

自信のあるものだけで勝負しないとダメだ——。大きな学びでした。

だいぶあとの話ですが、一九九九年、クラブハリエが梅田阪神にバームクーヘンだけの店を出して、大きな話題を呼びます。デパート側からは「いろんな商品を並べてほしい」と反対されましたが、それを押し切って大成功した。そういう決断ができたのは、大津西武店の教訓があったからです。

東京への出店

支店を出すのであれば、社長が現地に移り住むぐらい本気で取り組まないといけない。いろんな商品を漫然と並べるのでなく、自信のあるもので勝負しないといけない。八日市店と大津西武店の成功で、父はそれを確信しました。だから一九八三年に六店舗目（彦根店）を出したときは、当初から順調だったのです。

彦根出店のあと、大きな転機がやってきます。東京への出店です。

それまでの「一店舗主義」が「すべて本店主義」に変わりましたから、一九八四年に東京の日本橋三越に出店するときも、一九八五年に神戸そごうに出店するときも、父は現地に移り住んでいます。

和菓子の味を決めるのは主人です。主人の舌がすべてを決める。だから、その主人が現場に立って、新天地のニーズを知る意味は大きい。いまでこそ関西と関東の違いはなくなってきていますが、かつては関西ではつぶあん、関東ではこしあんという明確な違いがありました。いまでも色目には好みの違いがあって、関西では淡い色の菓子が、関東では鮮やかな濃い色の菓子が売れます。

滋賀県で売れるのは、昔ながらの栗饅頭や最中です。東京で売れるのは「ふくみ天平《てんぴん》」のような新しい最中や、バームクーヘンなど。私たちが関西風とか関東風とか意識して作り分けることはないのですが、それでもお客様との対話のなかで各地の微妙な嗜好の違いを知っておくことは、重要なのです。

私は日本橋出店のときが中学三年生、神戸出店のときが高校一年生です。受験もあるし、高校も遠かったしで、父と一緒に引っ越すことはなかったのですが、夏休みだけ東京とか、週末だけ神戸とかいう生活でした。

余談ですが、東京ディズニーランドがオープンしたのが一九八三年。日本橋出店の前年です。東京で過ごした夏休み、「忙しいさかいに、弟を連れてディズニーランドでも行っとき」と言われ、早くもオープン翌年に全アトラクションを制覇しています。弟はまだ小学六年生でした。

日本橋は近江商人の町

デパートのバイヤーは北海道から九州・沖縄まで全国を飛び回り、「隠れた名店」を掘り出すのに躍起です。当時のたねやは、まだ滋賀県ですら誰にでも知られる存在ではなかったのですが、それでも近江八幡、守山、大津、八日市、彦根で展開していましたから、目にとまったようです。

いろんなデパートやスーパーから声がかかりましたが、すべて断っていました。大津西武店で懲りたこともあったでしょうし、スタッフ不足もあった。失敗したときの痛手を考えると、なかなかその気になれなかったのだと思います。

それでも三越のバイヤーが来たときに、父は「日本橋三越やったら出させてもらう」と答えています。日本橋三越は当時、全国でもっとも売れていた優良店（一店で三越全体の六割もの売上があった）ですし、日本最古のデパートのひとつです。

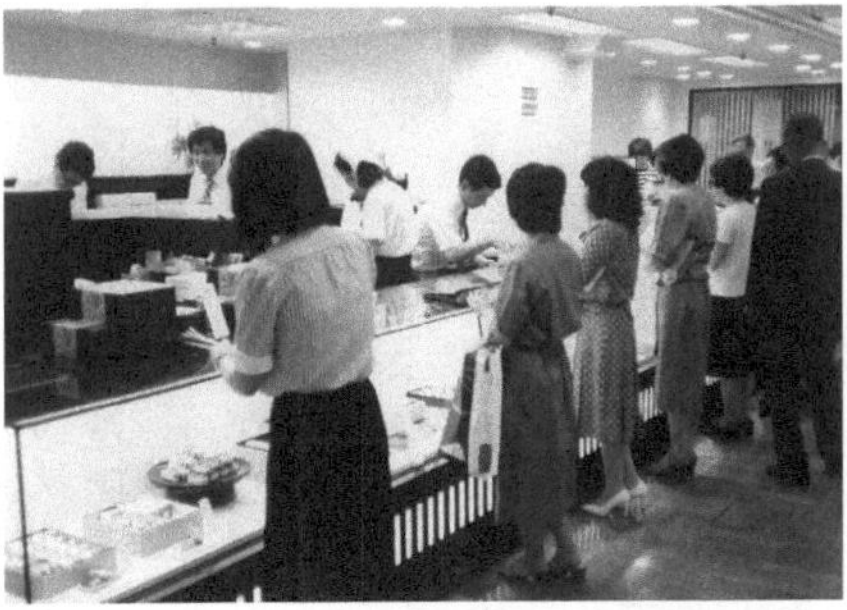
近江商人ゆかりの日本橋に三越最大の売場を出店

最初は一ケースで試験販売してくれと言われたようですが、それはきっぱりと断った。一定期間だけ売って、いつの間にか姿を消すような、お客様をだます商いはしたくないと。お店を出す以上、撤退は許されない。家族で移り住んででも、死ぬ気でやる。これが信念になっていたのです。
このときバイヤーに父が出した条件がすごい。虎屋さんの隣で、なおかつそれより大きなスペースを用意してほしい。当時、全国的に知られている和菓子屋は虎屋さんはじめ京都の和菓子屋さんぐらいでした。なかでも虎屋さんはすでに大ブランドです。歴史も、うちよりはるかに長い。虎屋さんが出している場所は、デパートのなかでも一等地に違いないと読んだのです。

とはいえ、そんな無茶な条件を先方が飲むはずはない、と父は考えていたようです。こちらは無名な田舎の菓子屋なのですから。もともと断るつもりだったので、拒否されたって痛くも痒くもないと。

バイヤーには伝えませんが、初の県外出店先に東京を選んだ理由を、私には話してくれたことがあります。京都や大阪のデパートで失敗すると、すぐに噂が広まって大きなダメージを受ける。遠く離れた東京で失敗したとしても、絶対にバレない。「こっそり帰ってきたらええやろう」と。

日本橋という土地への憧れもありました。日本橋は近江商人、特に八幡《はちまん》商人と非常に縁の深い町なのです。近江八幡が天領であることもあって、八幡商人は徳川家康の恩顧を受け、日本橋の一等地に土地を与えられました。

日本橋は五街道の起点。当時の日本経済の中心です。その日本橋のすぐたもと、日本橋一、二丁目に、西川甚五郎、伴伝兵衛、西川利右衛門、世継喜八郎といった八幡商人たちの大店が立ち並んでいた。西川甚五郎というのは、いまでも日本橋に本店をかまえる寝具の西川産業のご先祖です。

八幡商人以外にも、日本橋に店を開く近江商人は多かった。日本三大呉服店のひとつで、日本のデパートの元祖といえる白木屋も、長浜商人が日本橋で大きく育てた会社。髙島商人の髙島屋も日本橋に店をかまえています。

明治後半になっても、この界隈に「近江屋」を名乗る繊維卸商が三十店以上あったというから驚きです。日本橋はまさに近江商人の町だった。東京へ打って出る以上、日本橋しかない、との思いもあったわけです。

なお、出店が決まったあとは、例によってオープン前のローラー作戦ですが、東京は人口が多すぎて、一軒一軒訪ねるわけにもいかない。近江商人系の企業や滋賀県人会を中心に回って、ずいぶん応援していただきました。

デパート出店の常識を覆す

予想外にも、父の出した条件を三越が飲み、結果的に出店は大成功しました。会社全体の売上が一気に二~三倍になった。

ヒットした理由はいくつかありますが、基本的に、それまでのデパート出店の常識を覆したことだろうと思います。

まず、バブル経済が始まる前で、日本にはまだ戦後の価値観が色濃く残っていた。和菓子は基本的に高価なものとイメージされていましたし、そのなかでも砂糖をたくさん使った菓子の「位が高い」と思われていた。羊羹やカステラです。デパートに入っている和菓子屋もそういう品揃えばかりでした。

それに比べると砂糖を少ししか使わない饅頭は、庶民の菓子です。いまでこそ健康が意識され、砂糖の少ない菓子に人気がありますが、一九八四年当時はまだ、ずっしり重い和菓子でないと認められなかった。

ところが、たねやは栗饅頭と最中を並べたのです。当時、デパートで売られていたのは、せいぜい薯蕷《じょうよ》饅頭まででしょう。薯蕷芋（大和芋、山芋など）を生地のつなぎに使った高級感バリバリの饅頭です。小麦粉だけで生地にする栗饅頭など、わざわざデパートに買いにいく代物ではなかったのです。

でも、父は大津西武店での失敗で、自信のあるものを売るべきだと学んだ。だから栗饅頭と最中をメインに据えたのです。素朴で庶民的な和菓子が並んだことに意表を突かれたのか、これが大ヒットします。「饅頭なんてデパートで売るものじゃない」と思われていたからこそ、逆に目立ったわけです。

なお、いまにいたるも、栗饅頭・最中を看板にしている店はうちぐらいだと思います。

現在の数字でいうと、日本橋三越でもっとも売れている饅頭が、たねやの栗饅頭で、販売個数で二位とは倍以上もの差をつけています。

日本は毎日が歳時記なんや

ヒットの理由はもうひとつあります。デパートの世界に歳時菓子をもち込んで、毎週買いに来ても飽きない商品構成にしたことです。

当時、大事なお客様を迎えるためにデパートで和菓子を買うような場合、「上生菓子」を選ぶのが普通でした。お茶の世界では「主菓子《おもがし》」と呼ばれますが、抹茶と一緒に楽しむような高級菓子です。進物に買われることが多いので、上生菓子のなかでも日保《ひも》ちするものばかり並んでいた。

一方、うちが並べたのは「朝生菓子」。柏餅とか団子とか饅頭とか、朝に作って、その日のうちに食べてしまう庶民的な菓子です。当時の感覚では進物にするようなものではないのですが、「自分が食べておいしいと思ったものを、人に贈りたくなりませんか?」と問いかけた。デパートでこういうことをやったのは日本初だと思います。

父は三越のバイヤーに「いまのデパートには季節感がありません」と言ったようです。羊羹なら羊羹、カステラならカステラだけが、一年中並んでいる。うちで例えるなら、栗饅頭・最中だけを一年中並べるようなものです。いつ行っても商品が同じだと、季節はまったく感じられない。

和菓子にも季節がある。桜餅は桜の季節にしか食べられないのが本来の形なのです。春には草餅、夏には水羊羹、秋は栗きんとん、冬はぜんざい……。季節に合わせて商品が変わっていくのが当たり前であって、水羊羹を一年中売っているのはおかしいと。

日本は毎日が歳時記なんや――。

すごい発見だと思います。一年中、何かしら歳時行事がある。お中元とお歳暮に頼っていては、チャンスが年二回しかない。歳時ごとに商品を変えれば、毎日毎日がチャンスに変わる。しかも、お客様を飽きさせません。翌週来たら、また違う商品が並んでいるわけですから。こういう発想は当時なかった。

とはいえ、言うは易しで、実際にはすさまじい作業量になります。多品目になれば、それまで機械でやっていた仕事まで手作業に戻ってしまう。それに父自身、そこまで多種類の歳時菓子を作った経験がありませんでした。地元の行事に合わせた歳時菓子を作っていた程度です。

父は日本の歳時行事に関する本を読み漁って、必死に勉強しました。春には筍の形をした菓子、初夏には鮎の形をした菓子、秋には柿や芋の形をした菓子……。新商品を次々と生み出します。

お客様からしたら、ちまきが欲しければ、今週中に買うしかない。来週来たって置いていないなんてことは、それまでのデパートでは考えられなかった。これで話題にならないはずがありません。季節を味方につけたわけです。

手間ばっかりかかるのに

同業者からは「たねやはアホやなあ。手間ばっかりかかるから、いずれ潰れる」と笑われたようです。実際、それに近いものがありました。製造現場は猫の手も借りたい状態。もちろん休みなんてとれません。

たねやの菓子は当時も現在も、すべて滋賀県で作られています。水が変わると味も変わってしまうからです。福岡にも名古屋にも東京にも、滋賀県で作られたものが毎日、配送されています。

日本橋に出店した当時は近江八幡店の三階で作っていましたが、工場というより工房と呼ぶのがふさわしい小規模なもの。これでは生産が追いつかないと、翌一九八五年に近江八幡工場を作りました。

そんななか、大ヒット商品「ふくみ天平」が生まれます（現在、年間六百六十万個近く出る看板商品に育っています）。最中の皮とあんこを別々にパッケージしておき、食べる直前に合わせる画期的な商品。いまや全国どこでも見かけるようになりましたが、うちがオリジナルです。

年間六百六十万個近く出る「ふくみ天平」

もちろん皮がしっとりした最中もおいしいし、そういうタイプの「斗升最中《ますます》」も出しているのですが、合わせた瞬間に食べるおいしさはまた別物。和菓子職人しか体験できなかった味わいを、お客様にも届けたいという思いから生まれました。

ふくみ天平のヒットが、忙しさに拍車をかけました。どの商品も、作っても作っても、すぐ売れてしまう。「なんで、こんなに出るの？」と首をかしげたぐらいで、それまでの滋賀県での商いと比べると、まったく異次元というべき売れ方でした。東京の消費力の高さに腰を抜かしました。

まだ機械化が進む前なので数が作れません。「斗升最中」だって、手作業であんこを一個ずつ詰めていたのです。それなのに、当時のスタッフは百人程度しかいません。工場は朝から晩までどころか、翌日の朝までフル回転でした。

とにかく人手不足で、家族総出の総力戦。中学三年生だった私も、袋詰めとか包装とか、素人でもできる仕事は手伝いました。

残業は当たり前の時代ですから、どんどん人が倒れたり、あまりの忙しさに辞めていったりした。父自身、過労で倒れたのですが、「俺だけ寝てるわけにいかん」と、点滴を打って現場に戻りました。現場というのは、日本橋の店舗と、近江八幡の工場の両方です。

掟破りの「売り切れ」続出

スタッフ総出で菓子を作って東京へ送るのに、並べるはしから売れてしまう。オープンから一週間はケースの中を埋めきれないような状況でした。せっかく虎屋さんより大きなスペースをいただいたというのに、並べるものがない。

苦肉の策で、余裕をもったディスプレーにしました。ケースの上に展示台を置いて、季節感のある菓子を置いたり、季節の山野草を飾ったり。二十四時間フル回転で作っても間に合わないのだから、ほかに方法がありません。

もちろんデパートに対しては自信満々に「これからの時代は、こういう売り方が必要なんです」と説明しましたが、内心では「こんなこと続けたら、絶対、撤退させられるで」とヒヤヒヤしていたそうです。

ところが、お客様からすると、それまで混雑する食品売場でホッとできる空間がなかった。たねやの「ゆとりのある」店作りが、逆に評判になったのです。デパートから「さすがは、たねやさん。こういう売り方が、いまの時代にはウケるんですね」と褒められたのは、嬉しい誤算でした。

商品が足りない点も同様でした。すぐ売り切れるので、欲しければ早く買いに行かないといけない。品切れが、逆に人気を呼ぶ事態になった。つねに売り切れ状態を見せられて、お客様に渇望感が生まれたわけです。

これは当時のデパートの常識からすると、ありえないことでした。デパートというのは百貨店です。すべての商品が閉店時間まで、つねに並んでいることがイロハのイ。いまの時代とは違って、売り切れが許されない時代だった。

いまのたねやは生産体制が整っているけれど、製造数を絞っています。当時は違った。逆立ちしても数を作れなかった。でも、結果的にそれがいい方向、いい方向へと転んでいったわけです。

商品点数を絞るのも、余裕のある店舗作りもいまでは常識ですが、当時は「ありえない異常事態」でした。それがお客様から認められたから良かったものの、拒絶されていたら、いまのたねやは存在しなかったでしょう。

ただ、悔しかったのは、しばしば「たねやの袋じゃなく、三越の袋に入れてください」と言われたこと。近江八幡で「目立つとこへロゴ入れといてや」と言われていたのとは大違い。東京ではまったくブランド力がなかったわけです。この悔しさが、早く全国に知られるブランドになってやるという思いに火をつけました。

なぜ県外はデパート出店なのか

日本橋で期待以上の成功をおさめたあとは出店ラッシュになります。その年のうちに銀座三越、翌年に神戸そごう、横浜三越……。忙しさに拍車がかかりました。

県外出店の三店目に神戸を選んだのは、東京を選んだのと同じ理由です。大阪でやって失敗した場合、ダメージが大きすぎる。「神戸やったらバレへんやろう」と。まだまだ警戒感があったわけです。

結局、大阪三越に初出店したのは、神戸出店の翌年である一九八六年。早くもこの頃にはデパートでも確実に成功できる自信が生まれていたのだと思います。

条件を絞り込んでの出店とはいえ、現在、路面店とデパート出店を合わせて四十七店舗まで拡大しています。地域としては滋賀県、東京都、神奈川県、愛知県、京都府、大阪府、兵庫県、奈良県、福岡県です。

滋賀県内では直営の路面店を展開し、県外ではデパートに出店していますが、これには理由があります。何か問題が起きたときに不安だからです。滋賀県内ならすぐ駆けつけられますが、東京や名古屋、福岡だとそうはいかない。

路面店では、さまざまなことに対応する必要があります。壁が汚れたとか、雪かきの必要があるとか、空調が壊れたとか、お客様が体調不良で倒れられたとか。デパートならその部分を担当していただけるので安心です。

首都圏では三千五百万人もの消費者を相手にできますが、関西ではこうはいきません。京阪神を中心にかき集めても、せいぜい千五百万人程度。なので、自然と東京における売上の比率が高まります。一九八〇年代のピーク時には、東京の売上が七割を占めることもありました。

それではいけないと思うようになったのは、一九九五年の阪神淡路大震災。神戸そごう店が壊滅的なダメージを受けたほか、何店舗かが営業できなくなってしまった。もしこれが神戸でなく、売上の七割が集中する東京だったら、たねやは倒産していたでしょう。危機管理の意味でも、比率を考えないといけない。

そこで、その後は関西と滋賀県を強化し、現在は滋賀県、関西、関東で三分の一ずつの売上バランスになるよう調整しています（ただ、二〇二〇年の東京オリンピックに向けて、再び関東に力を入れる予定です）。

東京で気づいたこと

日本橋への出店を機に、売上も店舗数もスタッフ数も倍々ゲームで伸びていきました。

日本橋に出る直前のスタッフ数は百人ほどだったのですが、一九九三年に二百人を超え、一九九八年には五百人、二〇〇〇年には千人を突破した。日本橋以前と日本橋以後では、まったく違う会社になった。たねやにとっては画期になったわけです。

でも、いま振り返ると、たねやにとって重要なのは、会社が大きくなったことではなかった気がします。この経験以降、私たちの考え方がずいぶん変わった。私なりに解釈すると、こういうことです。

ひとつは、機械化の可能性に目覚めた。機械を使うことによって、手作りでは不可能なおいしさが生まれてくることがある。商品を大量に用意する必要に迫られたことが、それに気づくきっかけになりました。

もうひとつは、「自分たちの強みは何か?」と考えるようになったこと。最先端の文化や消費力では東京にかなわない。圧倒的な力の差を見せつけられました。でも、私たちのほうが強い分野だって存在するはずだ。それはいったい何なのか? そう自問するようになったことが、のちのラ コリーナ構想につながっていきます。

本章の最後に、そのふたつについて見ておきましょう。

手作業のほうがまずくなる理由

まずは機械化について。父も私も新しもの好きです。たねやが近江八幡で最初に自動車を買った話はしましたが、携帯電話だって、まだ巨大なショルダーホンの時代から所有していました（父からは「金かかりすぎるから、この電話は使うな！」と厳命されていましたが）。

会社にパソコンを導入したのも早い。地方の中小企業でも導入しているのだという事例として、一九九九年にＩＢＭ本社の世界広告に使われたぐらいです。インターネット通販も一九九九年には開始しています。

だから、例えば栗饅頭を作る機械も、父が若い頃にはすでに導入しています。まだ一日百個も売れないような時代から、千個作れる機械を買っていた。もちろん滋賀県初です。とにかく一号機を買いたがる。

世の中には「手作り信仰」というか、手作業のほうがおいしいという思い込みがある気がします。とんでもない。実は、和菓子は人間の手が加われば加わるほどダメになっていきます。

饅頭を作るとき、あんこを生地で包む作業を「包餡」といいます。テレビでよく目にするのは、職人が包餡したあと、手のひらの上で少しずつ回転させながら形を整えていく姿ですが、あれでは確実においしくなくなります。

私は「現代の名工」をもらった菓子職人のもとで修業しましたが、このクラスになると、もう包餡した瞬間には完成している。ポンポンポンポンと、すごいスピードで、手に触れている時間がほとんどない。

うちで出している「末廣饅頭」は、黒糖を使った小さな饅頭です。包餡から蒸して包装するところまでベルトコンベアで完全自動化していますが、生地は流れるような液体なので、人間の手で包餡することは不可能です。

もし手作業でやるとなったら、どうするか？　まずは生地をもっと硬くする必要があります。さらに、生地がひっつかないよう作業台に粉を振り、手にも粉をまぶす。粉を加えることで、生地はさらに硬くなっていくわけです。末廣饅頭の柔らかな食感は、絶対に機械でないと出せません。

包餡後、生地がダレてこないうちに大急ぎで蒸して、熱いうちに包装する。こうすることで菌の増殖を防ぐことができます。人間の手には、どんなに消毒しても菌がいます。だから、お菓子によって手作業だと二〜三日しか日保ちしないものが、機械で作ると二週間もつようになる。その違いは、出荷時点での菌数によるのです。

バームクーヘンを店頭でカットするのがクラブハリエの名物ですが、実は工場でカットしてすぐ包装するほうが日保ちはする。だから、店頭でライブ感を楽しんでいただくこととは別に、進物用のバームクーヘンに関しては工場でカットして各店舗に配送しています。

クッキーの生地を作るときだって、人間が麺棒で伸ばそうとすると、くっつかないよう、どうしても粉を振る必要がある。機械でやればそんな必要ありませんから、はるかにおいしいものができあがります。機械で作るほうがおいしくなる菓子は、たくさんあるのです。

人間には作れない水羊羹

近江八幡工場も瞬く間に手狭になったので、二〇〇二年には愛知川《えちがわ》工場（滋賀県愛荘町《あいしょうちょう》）を竣工させました。かなり大きな工場ですが、いい水の上がる土地なので、水ものの菓子に力を入れるようになりました。ここで生まれた「のどごし一番　本生水羊羹」は、手作業では作れない最たるものです。

世の中に出回っている水羊羹の大半は缶詰です。高温で殺菌することで、いつまでも保存がきくようにしてある。ところが、高温で熱すると、小豆が変質して風味が飛んでしまいます。こうした水羊羹は黒っぽい茶色をしているので、みんな小豆はそういう色だと思い込んでいますが、本当は紫色なのです。

食品を長持ちさせたいとき、選択肢は三つしかありません。殺菌のために熱を加えるか、砂糖をたくさん入れるか（砂糖を入れると水分活性が低くなる、つまり菌の利用可能な水分が減るのです）、最初から無菌で作るか、の三つです。私たちは莫大な投資をしてまで無菌で作ることを選びました。

二〇〇四年、愛知川工場にクリーンルームを作って、完全無菌状態で水羊羹を作るようにしたのです。これだけで七億円もの投資ですから、こんなことをやっておられる菓子屋はほかに存在しません。

最初から無菌状態だと、「殺菌のために」熱を加える必要がない。きれいな紫色に仕上がり、小豆本来の風味が味わえます。味の違いは誰にでもわかるレベルなので、たちまち大ヒット商品になり、「夏のたねや」と呼ばれることに大きく貢献しました。夏限定の商品であるにもかかわらず、年間四百万個と、現在、たねやでもっとも売上の高い商品です。

クリーンルームを作るまで、うちで売っていたのは低温殺菌の水羊羹。缶詰のように黒っぽい水羊羹ではないものの、殺菌が弱いぶん、日保ちしなかった。いわば朝生菓子の水羊羹です。ところが、無菌で作れるようになって、いくらでも日保ちするようになった。賞味期限二ヵ月として販売していますが、私は自宅では前年のものを食べたりしています。味もまったく変わりません。

日保ちするので進物用に使える。しかも、熱を加えないぶん、飛躍的においしくなる。機械があればこその話で、手作業でこのおいしさを作り出すのは不可能です。世間の常識とは逆に、機械が登場したことによって、昔の人が体験したこともないほどおいしいものが食べられるようになった面も大きいのです。

完全無菌の工場で作る「本生水羊羹」

水羊羹に関していえば、こんなにおいしいものは、クリーンルームをもっているたねやにしか作れません。機械のおかげでオンリーワンの商品が作れるようになったわけです。オンリーワンというのはライバルがゼロということですから、こんなに強い商いはありません。

そんなわけで、このあと機械化を意識的に進めるようになります（クラブハリエについては、後発組なぶん機械化は進んでいませんが、これからの課題です）。

機械のほうがおいしいか実験する

もちろん、手作業でないと無理なこともあります。それを機械化しようとするのは、間違っている。

例えば薯蕷饅頭の包餡は、いまだに一個一個、手作業でやっています。触った感触で蒸し時間を決める必要があるからです。固定された配合がなく、そのときどきで水や砂糖や芋の量を決める、非常に繊細な作業で、機械化に向きません。

バームクーヘンを焼く作業も完全機械化は無理です。完全自動でやると、ガチガチに硬いものになってしまう。フワフワに仕上げるためには、生地の状態を確認しながら、「もうちょっと粉を入れるべきやな」とか「もうちょっと混ぜなあかん」とか、微妙な調整をする必要がある。この作業も機械ではできません。

鳥の形をした和菓子を作って、最後にゴマで目を入れる。そんな作業も、手作業でやったほうが、さまざまな表情が生まれて味わいが出てくる。楽をしようと、この作業を機械に任せるなんて論外です。

あんこ炊きも同様で、一日に炊き上がりで二〜三トンという膨大な量を作っているのに、小豆を煮上げて柔らかくするのは六十キロずつ、商品に合わせて加糖するのは十五〜三十キロずつと小出しにやっています。手で感触を確かめながらやらないと、満足いくものが作れないのです。

でも、だからといって、小豆を鍋に流し込む作業まで人間がやる必要があるのか？　パイプを通して機械で送り込めばいい話です。容器に充塡するのだって、人間がやったから菓子がおいしくなるわけではない。むしろ人間が触れないほど高温の状態で充塡するほうが菌は減ります。

材料の計量も同じです。人間は必ず間違う。一グラム間違うだけで、仕上がりはまったく変わってきます。機械なら○・○一グラムも間違わない。

要は、手作業すべき部分と、機械に任せたほうがいい部分を見極めるということ。うちでは、どちらで作るのがおいしいかを必ず比較検討してから、機械を導入するべきか判断しています。

業界でも早くから機械化に取り組んでいるせいで、うちには一号機が多い。バームクーヘンを焼く機械もそうですし、ふくみ天平を作る機械もそう。「五六《ごろ》あわせ」という、ところてんのように押し出すプラスチック容器にゼリーを詰めた商品があるのですが、これを作る機械も一号機です。

一号機を作るにはお金がかかります。でも、機械メーカーとしては、うちがヒット商品を出せば、その機械が同業他社に売れるので、非常に協力的です。私たちもいろんなことが試せる。「機械で作るほうが本当においしくなるのか」という実験にもご協力いただいています。

「変わらない場所」へ

もうひとつ東京進出が私たちを変えたのは、足元を見つめることだと思います。東京にはどうやっても勝てない。では、自分たちのほうが強いことは何なのか？　自分たちはいったい何者なのか？　そんなことを考え出した。

海外に移り住んだとたん、突然、日本文化に興味をもって勉強し始める日本人は少なくありませんが、それと同じことかもしれません。実際、この頃から、近江を意識したネーミングが増えてきます。

看板商品のひとつになった「ふくみ天平」は、「天秤棒」からきています。天秤棒とは、両端に荷物をかけ、かついで運ぶ棒です。北前船で大量の物資を蝦夷地とやりとりする大商人だって、最初は天秤棒一本からのスタートでした。いわば天秤棒は、近江商人の行商のシンボルなのです。

菓子のネーミングにしても「紫草《むらさき》」「水郷の味」「江州《ごうしゅう》とのご」「水茎《みずくき》」……。近江や琵琶湖を連想させる名前がずいぶんありました。

自分たちのルーツや近江商人に対する関心も高まりました。二〇〇〇年代に入って滋賀大学と共同で近江商人研究室を作ったり、滋賀県にまつわる資料を集めた「たねや近江文庫」を設立したのも、そうした流れの一環でしょう。

店舗の立地に関してもそうだと思います。自分たちにしかできないことを考えるようになった。

まだ滋賀県でしか営業していない時代は、「駅前に出さなあかん」の一辺倒でした。巨大なショッピングセンターができたら入るべきではないかとか、そんな議論をしていた。でも、駅前の規模、人の多さ、変化の激しさ、どれをとっても東京にはかないません。駅前は人が多いといっても、滋賀県ではたかが知れているので、駅前にこだわる必要はないと思えてきた。

そこで私たちの関心は「変わらない場所」に移ったのです。移り変わりが激しい場所よりも、ずっと変わらない場所のほうが継続した商いができる。次の世代、さらにその次の世代へとつながる土地に店をかまえるべきだと考えるようになった。

例えば、滋賀県でもっとも新しい路面店が、二〇一七年にオープンした「八日市《ようかいち》の杜《もり》」ですが、若松天神社の敷地内にあります。神社なら、百年先二百年先も環境は変わらない。だから選んだのです。

八日市の杜は高速インターに近いとはいえ、駅からかなり離れているので、そのへんを人がブラブラ歩いているような場所ではありません。昔だったら、絶対に考えられない立地です。しかも、敷地の半分以上は鎮守の杜で、散策も楽しめるようになっている。駐車場は四十台ぶんも用意しています。

旧八日市玻璃絵館《はりえかん》には、店舗と数台ぶんの駐車場しかありませんでした。人口四万人の都市にしては繁盛していると、たくさんのコンサルタントが見学に来られましたが、それは逆に言うと、他の菓子屋が真似できるレベルの規模だったということです。どこにでもある菓子屋だから参考になった。

八日市の杜の規模になると、真似できる菓子屋はそうそうない。資本力のある大メーカーでも、東京でこれだけの空間を贅沢に使うのは許されないでしょう。そこにこそ自分たちの強みがあると気づいた。店舗を単にものを売る場所ではなく、お客様に感動を与える場所だと考えるようになったわけです。

神社の境内。木々の中に佇む「八日市の杜」

また変なこと始めよったで

近江八幡の店舗の変遷を見ると、私たちの発想がどう変わってきたか、よく見えて面白い。

近江八幡は旧市街地と離れた場所に鉄道の駅ができたので、駅まわりの新市街地と旧市街地が分断されています。

創業したのは池田町という旧市街地で、当時は繁華街でした。明治の終わり頃にウィリアム・メレル・ヴォーリズ（一八八〇～一九六四年。建築家、メンソレータムで有名な近江兄弟社の創設者の一人）さんが来日して、店の向かいに家を建てると、池田町は洋風建築の立ち並ぶ洒落たエリアに変わります。レンガ塀など、ここでしか見られないハイカラな存在で、この一帯が「アメリカ町」と呼ばれたこともあったそうです。

ただ、江戸時代から続く古い町並みなので、道が細く、自動車も入れない。これでは未来がないと祖父は考えたのでしょう。駅に近い中村町に土地を買っていた。その場所に店がオープンしたのは祖父が亡くなったあとの一九七六年ですが、これがいまも続く近江八幡店です。

私が小学一年生のときで、まだ新市街地の開発が進んでいない時期です。周囲には自動販売機さえ置いていなかったし、人通りも少なかった。何もない場所に、いきなりポツンと四階建てのビルが建ったので、地元の方はたいそう驚かれたと思います。「なんで、こんな場所に？」と言われました。

その間、一九六七年に近江八幡駅前店をオープンしたことは、説明した通りです（駅前店は二〇一三年に閉店）。つまり、私が小学校の頃は、中村町の近江八幡店と、駅前店の二店舗体制だった。これから人が増える新市街地を狙っていたわけです。

ところが、東京出店を経て、近江八幡の三店舗目に選んだのは旧市街地の宮内町《みやうちちょう》。一九九九年オープンの日牟禮乃舎です。宮内の名でわかるように、日牟禮八幡宮の鳥居の内側にある町です。

この頃には新市街地の発展と、旧市街地の衰退は明らかでした。なので、「せっかく駅前が栄えてきたのに、なんでまた宮内町に？」と言われました。でも、この頃には「変わらない場所」への思いが強くなっていたのです。

そのあと、近江八幡の四店舗目としてオープンしたのが、二〇一五年の「ラ コリーナ近江八幡」。日牟禮はさびれているとはいっても、それでも旧市街地にあります。ラ コリーナのある北之庄《きたのしょう》はさらに離れた水郷地帯にある。さびれた旧市街地ですらないわけです。この頃になると地元の方ももう驚かず、「たねやがまた変なこと始めよったで」程度の反応だったと思います。

日牟禮乃舎にせよラ コリーナにせよ、日本橋以前には考えられなかった立地です。私たちが店舗に求めるものが、そこで変わったわけです。

故郷に恩返しがしたい

日牟禮八幡宮というのは、千七百年以上も続く氏神様で、近江八幡の「八幡」とはこのお宮のことを指しています。近江八幡になる以前、この土地は日牟禮郷と呼ばれていました。そもそもは近江八幡の中心地なのです。

このお宮は八幡商人の心のよりどころでした。他国へ出る前も、帰省したときも、必ずお参りする。寄進もずいぶんおこなわれたようです。ベトナムまで交易に行った八幡商人に西村太郎右衛門がいます。日本が鎖国したため彼は帰国が許されず、日牟禮八幡宮に巨大な交易船の絵馬だけ奉納しています。

日牟禮八幡宮は近江八幡のシンボルですから、「いつかは宮内町に」という思いが、父にはずっとありました。旧市街地はさびれきっており、廃屋のような民家が並んでいたので、そこを買ったわけです。母の実家が日牟禮八幡宮なので、場所を確保すること自体はスムーズに進みました。

でも、とにかく人通りがない。広大な空き地というしかなく、子供たちがキャッチボールをしたり、サラリーマンがサボって昼寝したりするような場所だったのです。そんな場所に、かなりお金を注ぎ込んだ建物を建てるなんて、常軌を逸していると言われて当然かもしれません。

当初は一日に百人もお客様が入らないことがありました。もっとも売れる店（当時は梅田阪神店）と比べたら、売上の桁がふたつも違った。それでも「変わらない場所」への執着がありましたし、故郷に恩返しがしたいとの思いも強かった。

流れが変わったのは、道路の向かいにある市有地を買い取ってくれという話があってから。戦前にヴォーリズさんが設計した忠田兵造邸が残っていたので、きれいに補修・改築して、洋菓子の殿堂ともいえるお店を作った。それが二〇〇三年オープンのクラブハリエ日牟禮館です。

「青い目の近江商人」ヴォーリズ建築を蘇らせた「クラブハリエ日牟禮館」

こうして、和菓子・洋菓子の両方が揃った日牟禮ヴィレッジが完成しました。父の代のフラッグシップ店といっていい。そこからはビックリするほどお客様が増え、いまや年間百万人が訪れる人気スポットになっています。

当然、日牟禮八幡宮を訪れる観光客も増えました。日牟禮乃舎をオープンした頃は、初詣の賽銭も少なく、お宮の方が自分で勘定されていましたが、いまや銀行マンを呼ばないと数えられない。町おこしとしても成功したわけです。父はこの地域に街灯を立て、公衆トイレを設置しました。

誰もが駅前を目指しているときに、さびれた「変わらない場所」を選ぶ。商売を引き継いでいくだけでなく、町を引き継いでいくことも考える。町おこしで故郷に恩返しをする。そういう発想が生まれたのは、東京出店で「自分は何者か？」と考えるようになったからだと思うのです。

実は、近江出身の商人をすべて近江商人と呼ぶわけではありません。近江に本拠地を残しつつ他国で商いする人だけが近江商人と呼ばれ、近江国内だけで商う「地商い」とは区別されます。つまり、近江商人の全員が「外の世界」を見ている。だから自分のルーツに思いをはせたり、故郷に還元したりするようになるのでしょう。海外に出た日本人が、より日本を意識するようになるのと同じです。

私どもは自分で近江商人を名乗ったことは一度もありませんが、もしそういう存在であるのならば、東京に出て外の世界を見たことで近江商人と言われるようになったのだと思います。

第二章　なぜ世代交代は成功したか

リレーランナーの一人にすぎない

講演会をやっても、菓子業界の会合に出ても、しょっちゅう言われることがあります。「あんたのとこは会長さんがスッと引いてくれはって、良かったなあ」。世代交代がうまくいってうらやましいと言うのです。「兄弟で会社やってんのに、よう喧嘩せえへんなあ」と感心されることも多い。

話を聞くと、ずいぶんややこしいことが多いのです。社長の肩書だけはもらったけれど、会長に居座った父親が実権をすべて握っていたり、親から会社を追い出されたり、あるいは喧嘩して自分で飛び出したり。兄弟が協力して会社を経営するのも、非常に珍しいことのようです。

和菓子業界が縮小する背景には、もちろん消費者の和菓子離れもあるのですが、後継者不足や、事業継承がうまくいかないことも少なくない。家族経営の小さな店ですらそうなのです。虎屋さんでは、事業継承者以外の肉親が会社に入ることを禁じておられますが、要らぬトラブルの芽を事前に摘む知恵なのだと思います。

そういう意味では、二人の息子が二人とも跡を継ぎ、しかも仲良く会社を経営していること自体が驚きなのでしょう。

でも、自分の会社だと勘違いするから、いろんな揉め事が起こる。自分はリレーランナーの一人にすぎなくて、一時的にバトンを預かっているだけだと謙虚になればいいのです(江戸時代の近江商人に、まったく同じことを言っている人がいます)。そういうふうに考えられるならば、いかに次のランナーを育てるか、いかにいまより良い状態にしてバトンを渡すか、にしか関心が向かなくなります。

バトンをもって走る人間は一人です。私が常務とか専務とかいう肩書だけをもらっていた時代、経営戦略にせよ、商品開発にせよ、いっさい口をはさませてもらえませんでした。何を言っても、父から即座に否定される。何もさせてもらえないので、悶々とした日が続きました。

当時、父からよく言われたのは、「勘違いするな。リーダーは俺や。お前は見習いなんやから、黒子に徹しろ」「自分の名前で銀行から借りられるようになってから、ものを言え」。取材は絶対に受けるな、講演は頼まれてもやるな。それは俺の仕事だと。専務と社長では責任の大きさがまったく違う。社長の息子というだけでいい気になって中途半端なことをしたら、必ず失敗すると。

ところがです。私が四十一歳で社長を継いだ日から、会長となった父はいっさい口をはさまなくなった。父の経営方針を転換したり、父の思い入れのある商品を廃番にしても、何も言わない。父も自分がランナーの一人にすぎないと意識しているのでしょう。いまのリーダーは、バトンをもって走っている私一人なのだと。

こうした父の姿勢以外にも、世代交代がスムーズに進んだ理由はいくつかあります。例えば、たまたま和菓子と洋菓子の二輪体制だったこと。これについて、私の経歴もご紹介しつつ説明したいと思います。社長になった私が何を変えたかは次章でご紹介しますが、この章では事業継承のあり方と、たねやグループにおける洋菓子の意味についてご説明します。

水分が足らんのと違う?

子供の頃、憧れの人は父でした。家庭をかえりみない人ではあるのですが、仕事にかける思いがすごい。やるとなったら東京や神戸にマンションを借りてでも現地に移り住んで陣頭指揮をとる。

仕事人間ですから、どこかへ遊びに連れていってもらった記憶がありません。仕事がてら子供連れで外出ということはありましたが、父は仕事に夢中で、私たちを置いて帰ってしまうこともしばしば。でも、そんな父を尊敬していました。

菓子屋も継ぐものだと思い込んでいました。小学校で「将来、何になりたい?」と聞かれたら、みんなに合わせて「プロ野球選手」とか「パイロット」とか答えてはいたのですが、本心は「菓子屋になりたい」でした。

家業は長男が継げというのが父の方針だったので、弟は菓子屋になる気は毛頭なかったようです。これは大人になるまでずっとそうで、いまクラブハリエの社長をやっているのが嘘のようです。

近江八幡店が池田町にあったときも、中村町にあったときも、店と工場の近くに自宅がありました。職人が家に寝泊まりしていて、朝は「おはよう」と声をかけてもらって小学校へ向かう。帰ってきたら工場で遊ぶ。ときには職人が外へ遊びに連れ出してくれる。二十四時間、菓子のなかで生活していたようなものです。むしろ菓子屋以外の職業を思い浮かべるのが難しい状況でした。

和菓子の世界では「主人の舌」がすべてを決めます。では、その主人の舌を育てるのは訓練なのか？　それとも生まれもった才能なのか？　間違いなく訓練です。なにしろ「町の駄菓子屋さんで買うてみたい！」とダダをこねるほど、うちの菓子ばかり食べさせられるのですから。

毎日毎日、食べていれば、微妙な味の違いがわかるようになります。私がまだ小さかった頃、「今日の栗饅頭はちょっと水分が足らんのと違う？」とつぶやいて、工場長を震え上がらせたことがあるそうです。

それでもタバコは吸わなかった

ただ、「舌が鈍る」といって、外食だけはいっさい許してもらえませんでした。どんなに忙しいときも、母が必ず手料理を作ってくれた。大根を炊いたやつとか、お揚げを炊いたやつとか、小魚を煮たやつとか、いわゆる「おばんざい」です。

ご飯の上に何かをのせるのも御法度です。ご飯にはご飯の味があり、おかずにはおかずの味があるのだから、一緒にするなと。「ひとつひとつの味わいを楽しむのが料理や」というのが、父の考え方だった。だから、牛丼もふりかけも食べたことがありませんでした。そういう意味で、おにぎりが出たときは狂喜乱舞します。ご飯の中に、梅干しや鰹節が入っているからです。

小学校は弁当だったのですが、昼食の時間がなんとも恥ずかしい。みんな冷凍食品とかパスタとかフライとか、華やかなおかずが入っているのに、自分の弁当だけは茶色っぽい。おじいちゃんやおばあちゃんが食べるような料理ばかりです。「一生に一回でええから、回転寿司行ってみたいなあ」と弟と嘆きあいました。

ところが、小学四年生のときに八日市店を出すことになって、家族で引っ越します。八日市の小学校は給食でしたが、まずくて食べられない。近江八幡時代とは別の意味で、昼ご飯が憂鬱になった。野菜でも魚でも肉でも、すごくいいものを食べさせてもらっていたのだと気づいた瞬間です。

近江八幡でたねやは有名でしたが、八日市ではまったく無名です。同級生に「たねやって何屋やねん」とバカにされるのが悔しい。自分が強いところを見せて見返してやろうと、中学校では変なグレ方をしてしまいました。

そもそも菓子屋になるのに勉強が必要なのか、という疑問もあったので、勉強なんかいっさいしない。テレビで「金八先生」を放映していたような、いわゆる校内暴力の時代です。同級生と喧嘩したり、学校の窓ガラスを割ったり、近隣の方にはずいぶんご迷惑をおかけした。母はしょっちゅう先生に呼び出されていました。

修学旅行でせっかく長崎に行ったのに、地元の子と喧嘩しないよう、自分だけ旅館から出してもらえない。バスケット部に入っていたのですが、問題を起こさないよう、自分だけ大会に参加させてもらえない。

地元スーパーのトイレで爆弾騒動があったときは、八日市警察が話を聞きにきました。まだ中学生である私がそんなことできるはずないのに。「みなさんに聞いてることですから」と言う警察官に、母が「うちの子はそんな悪さする子やありません」と本気で怒っていたのを覚えています。

でも、そんな時期ですら、私はタバコを吸いませんでした。仲間からすすめられても、かたくなに断っていた。将来は菓子屋になるんだから、舌を鈍らせてはいけない。そんな思いが強かったからです。

父は社長、母は女将

この本では読者が混乱しないよう「父」「母」と書いていますが、普段は「会長」「女将《おかみ》」と呼んでいますし、敬語で接しています。私が社長になるまでは、父のことを「社長」、母のことを「女将」と呼んでいた。そう呼ぶようになったのは、ちょうど中学三年生の頃です。

京都に長田《おさだ》学舎という演劇塾があって、主宰者の長田純先生は父のよき相談相手でした。多いときで毎月、京都に通って長田先生の教えを乞うていました。予定の合うときは私も連れていかれました。もう小学生のときからです。弟はまだ幼かったこともあり、ついてきませんでしたが、こわもての父を前にしてもズバズバとものを言われる長田先生に、私は尊敬の念を抱いていました。

第四章でご紹介しますが、長田先生は我が家に伝わる家訓を「末廣正統苑《すえひろしょうとうえん》」という冊子にまとめてくださいました。私が近江商人という存在を意識し始めたのも、この頃からだと思います。

私にとって長田先生は非常に遠い存在で、門下生の碧川萌子先生、粟津もと先生と話すことのほうが多かったのですが、あるとき、「いつまでも、『お父ちゃん』『お母ちゃん』みたいな甘えた呼び方してたらあかん」と叱られたのです。

「お相撲さんの世界もそうでしょう。たとえ実の親でも、入門したその日から『親方』『女将さん』と呼ぶ。従業員の目もあるんやから、けじめをつけなあかん。今日から『社長』『女将』と呼びなさい」

グレていた頃ですが、おさだ塾には緊張感のある空気が流れていて、とても口答えできる雰囲気ではなかった。私自身、長田先生を尊敬していたこともあり、「それもそうやな」と素直に聞き入れました。

中学高校時代は工場でアルバイトをしていました（家業を手伝わないとお小遣いをくれなかったのです）ので、公的な場で父や母と接する機会はありました。スタッフの前で「お父ちゃん」「お母ちゃん」と言っていたのでは、しめしがつきません。当時の私は父の言うことなど聞きませんから、第三者から指摘される形でけじめがつけられたのは、いい機会だったと思います。

ちなみに、日本橋出店に際して相談に乗っていただいた長田先生は、その二年後に亡くなられました。でも、私と碧川先生、粟津先生との付き合いはその後も続き、父と長田先生の関係より長くなってしまいました。私が東京で修業していた時代も、滋賀県を素通りして、一人で京都までお話を伺いに行ったぐらいです。

デッサンばかりの日々

県立高校しか行かせないと言われていたのですが、勉強していないので選択肢は限られる。そこで信楽《しがらき》高校のデザイン科に進みます。小さな頃から絵を描いたり、粘土や切り絵をやったり、細かい工作が大好きだったからです。

高校までは、八日市の自宅から片道二時間ぐらいかかります。電車に乗っている時間は一時間強なのですが、田舎ですから電車の本数が少ない。ときには一時間ぐらい待つこともありました。

通勤通学の時間帯以外、ほとんど人が乗っていないので、貸し切りのようなものです。座席に寝転んで通える。どうせ人が乗ってこないから、途中の駅でもドアを開けない。暖房が弱まるからです。私が寝ていたら電気も消してしまう。窓の外を見ると、キジが歩いている。そんなのどかな通学でした。

もちろん信楽の駅前にはコンビニすらありません。ボウリング場があるぐらいで、あとはタヌキの置物しかない。霧の多いところで、一メートル先も見えないなか、山を三十分ほど登ったところに高校があります。春はその山で筍をとったりしました。

ただ、先生は「なんでこんな田舎に?」というレベルの人が集まっていて、窯業科には人間国宝の方もいらっしゃいました。作品が一点何百万円で売れる画家の先生もいました。講義は少しだけで、あとは絵を描いたり、造形をやったり、デザインをしたり。中学時代とは打って変わって、毎日楽しかった。

大都会はともかく、田舎では二時間もかけて通学する高校生はまずいません。毎朝六時には家を出るのに、それでもサボらず通ったのは、学校が楽しかったからでしょう。アットホームな、いい高校だった。

毎日デッサンばかりです。基礎を徹底的に叩き込まれた。このとき勉強しておいたことが、いますごく役立っています。たねやは業界でも珍しくアート室をもっていて、商品のパッケージデザインも、店舗のディスプレーも、すべて自分たちでやっています。そのとき社長に見る目がなければ、意見も言えません。どの色とどの色を組み合わせたら効果的か、といった基礎知識があるから、判断できるのです。

当時は、デザイン科への進学は単に自分が好きで選んだつもりでいました。でも、よく考えると、中学三年生の頃に家庭用ゲーム機が発売されたので、頼んでみたが最後まで買ってもらえなかった。「ゲームなんかやったらあかん」と。一方、プラモデルのように自分の手を動かすものなら買ってもらえた。そんなふうだったので、ひょっとすると父はデザイン科に進むことが将来、仕事の役に立つとわかっていたのかもしれません。

和菓子は手で味わえ

たねやが日本橋出店で転機を迎えたのが、中学三年生のとき。高校に入った頃には出店ラッシュが始まっていました。

近江八幡工場ができたのが高校一年生のとき。それまでは近江八幡店の三階で作っていましたから、初めて工場を見たときは「こんな広いとこ必要なんかな?」と首をかしげた。ところが、数年もすればそこも手狭になった。それまでの感覚では推し量れない急拡大期に入っていたわけです。

平日はともかく、週末や長い休みのときは工場に入って手伝いました。商品を箱詰めするような作業です。当時は割卵機がなかったので、一日中、卵を割ったこともあります。ゼリーの充塡機もなかったので、ヤカンに入れたゼリーを容器に流し込む作業もやった。あとは、小麦粉の量を量るような補助です。

とはいえ、父から菓子作りを教わったことは一度もありません。職人が教えてくれることはあったので、つぶあんぐらいは炊けましたが(もちろん、それを売り物に出すことはありません)。

父から教わったことがあるとすれば、菓子作りではなく、食べ方でしょうか。和菓子は必ず手で食べろと教わりました。手で触れば、口に入れる前にもうその状態がわかる。非常に職人的な感覚ですが。

これは修業を終えたあとの話ですが、包餡のときに生地に触るだけで、「あ、これは焼いたらあかんな。蒸したほうがええやろ」ということがわかるようになりました。例えば薯蕷饅頭なら、耳たぶぐらいの硬さがいい。その感触に合わせて砂糖や水や芋の量を変えていくわけです。

包餡している感触で、あんこの状態もわかります。薯蕷饅頭の包餡をしていた製造部長が、あんこの具合が気になって餡場へ走るということもあります。

なので、いま試食するときでも楊枝は使わず、手づかみで食べています。

菓子屋が数字の勉強してどうする

大学でもデザインの勉強がしたいと美術大学を受験しますが、不合格。父からは「大学受験は一校だけ。落ちたらあきらめろ」と言われていたので、ここで菓子作りの修業に入ります。

菓子作りの経験がないと菓子屋を継げないかというと、そんなことはありません。家族経営の小さな店はともかく、業界の仲間を見回しても、普通の大学を出て銀行に勤めたり、外資系金融機関に勤めたりしてから家業に戻るほうが圧倒的に多いのです。実際に菓子を作るのは職人なのですから、社長はある程度のセンスさえあればいい。そのセンスの部分だって、コンサルタントの力を借りればなんとかできる。

菓子作りではなく社長学を学んでから家業を継ぐほうが一般的なわけです。でも、父は「菓子屋が数字の勉強してどうすんねん。菓子屋やる意味ないやないか」という考え方の人です。「経営の勉強なんかせんでもええ」と。私も同感でした。職人に指示を出すのでも、菓子を理解しているかどうかで、言葉の重みが変わってくるのですから、勉強しておく意味は大きい。

そこで製菓学校に通うことにしました。いまでこそ各地に製菓学校ができていますが、当時、わざわざ通うとしたら、選択肢はふたつしかありません。東京製菓学校か日本製菓学校です。どちらも東京にありますが、東京のスタッフが増えるとともに中目黒に社員寮を作っていたので、そこに下宿することになりました。

私が通ったのは東京製菓学校。基礎的な知識、例えば菓子の歴史や衛生学などの授業を受けつつ、実技もひと通り学びます。二年制の専門学校ですが、卒業する頃には職人として認められる程度の技術は身につきます。学費が高いので、全国の菓子屋の経営者の二世ばかりでした。

ただ、学校は土日が休みですし、夕方以降も時間がある。「もっと勉強できるやろう」ということで、有名な和菓子職人に弟子入りすることになりました。まだ東京にさほどコネのない時代なので、雑誌『製菓製パン』編集部に紹介していただき、須永好太郎先生の門を叩いた。

ほぼ四年に一度開かれる「全国菓子大博覧会」が、菓子業界最大のイベントです。明治時代から続く伝統ある博覧会ですし、皇室の方が代々の名誉総裁をつとめられています。その名誉総裁賞は和菓子業界では最高の栄誉で、内閣総理大臣賞とは格が全然違います。須永先生も過去に名誉総裁賞をとられていますし、この頃は審査員をつとめておられました。業界では知らない人のいない存在ですが、自分の店はもたず、講演会やセミナーで実技指導するタイプの職人でした。

菓子触るの、百年早いんや

ただ、弟子入りといっても、要はカバン持ちです。配合を盗みにいくとかいう話ではなく、生き方を教えてもらいにいった。外出の際に荷物を担いだり、先生の食事を準備したり。先生の自宅で「リンゴむけ」と言われて、リンゴをむいたり。作業はほとんど見せてもらえませんでした。

教えてもらったのは、本当に基礎的な技術。例えば饅頭の包餡をスピーディーかつ的確にやるためには、手に形を記憶させることが重要です。そこでピンポン玉をつねに握っておけと指導されました。

どらやきもそうです。生地を鉄板に落として練習すると、食材が無駄になる。だから、水で適量を落とせるようになるまで練習するのです。

父からもよく「技術を学ぶ？　勘違いすんな。百年早いんや」と言われました。製菓学校に通い始めたばかりで、まだスタートラインにも立てていないんだと実感しました。須永先生の講演会についていくと、「この男はたねやの息子です。たねやはすごいけど、こいつは何もできない」みたいなジョークを飛ばされる。みんな大爆笑ですが、悔しくて、早く見返したいと思っていた。

二年で製菓学校を卒業したあと、私は滋賀県の実家に戻ります。でも、そこから三年間は東京に通って須永先生の指導を受けました。工芸菓子の作り方を習ったのは、最後の一年間ぐらいでした。先生の作る工芸菓子の部品を作ったりするのです。

二十三歳で須永先生のもとでの修業を終えたとき、もっと勉強したいと思い、今度は小川明彦先生に弟子入りしました。姫路にお店をもっておられる人間国宝の菓子職人で、この方も全国菓子大博覧会で名誉総裁賞をもらい、審査員をされるような第一人者でした。

小川先生はたねやの技術指導をしておられたので、工場に来られることも多かった。そのとき一緒に、いろんな部署を回ったり、講演や博覧会にくっついて全国を回ったり。姫路のお店に行くことはほとんどありませんでした。

須永先生と小川先生はもちろん親しい仲ですが、性格はだいぶ違いました。小川先生はお酒が大好きで、ラーメン屋に入っても、まず「ワンカップ飲もか」。「お前、金ないやろ。簡単に酔う方法教えたろか？」と、温かいご飯に日本酒を注ぎ込む。「これがホンマの酒茶漬けや」と言うのですが、本当に酔いが回るのが早い。「これ、ええやろ。俺も修業時代はこうしてた」と。

史上最年少で名誉総裁賞に

すでに五年の修業をしていたこともあり、小川先生は最初から菓子に触らせてくれ、技術指導も細かくやっていただきました。おかげで工芸菓子の技術も上がり、修業七年目に当たる一九九四年、私自身が全国菓子大博覧会で名誉総裁賞（この年だけ「名誉総裁工芸文化賞」と名称変更）をいただくことになりました。

「長閑《のどか》なるかな」という、のどかな農村風景を再現した作品です。金鶏、銀鶏が十数羽、籠の上に乗っているのは、ちょうど脱走したところ。そうしたジオラマを菓子だけで作り上げるわけです。岩はカラメルで、鶏の目や爪はてかりのある飴で作ります。羽根の一枚

工芸菓子「長閑なるかな」

一枚はあん生地を伸ばして貼りました。

二十五歳での受賞は当時の最年少でしたが、これには理由があります。工芸菓子はすべての技術をマスターした熟練の職人がやる仕事であって、自分と同世代でやっている人などいなかったのです。

いちばんの若手参加者で四十代半ばぐらい。経営する菓子屋が成功して「そろそろ工芸菓子をやってみるか」という世界。それでも、須永先生や小川先生に弟子入りするなんて、お金がかかるので無理です。こうした博覧会の場を利用して、少しだけアドバイスをあおいでいました。それに比べ、私は恵まれていたわけです。

とはいえ、技術力も美的センスも評価されますから、小さいときから工作が好きだったり、工場を遊び場にしていた経験が生かされたのも事実です。あん生地を麺棒で薄く伸ばすことひとつとっても、私は子供の頃から遊びで覚えていた。こうした作業も、普通の人は簡単にできないのです。二十五歳ですでにここまで経験を積んでいる人間もいなかったということです。

私が苦手だったのは飴細工。砂糖に少し水飴を加えて煮詰め、火からおろして着色や整形をします。有平糖《ありへいとう》と呼ばれますが、百度近くになっており、とにかく熱い。よほど手の皮が厚くないとできません。手袋をしていても火傷するほどで、何回やっても慣れませんでした。

洋菓子の飴細工は、ここまで熱くありません。フランスは気候が乾燥しているから、低い温度でネチョッとした飴細工を作っても、崩れてこないからです。でも、湿気の多い日本では、叩けばカンと音がするほど硬い飴細工にしなければ、すぐにダラーンと垂れてきます。逆に言えば、洋菓子の技術を使って日本で作ると溶けてくる。なので、洋菓子の工芸菓子は必ずシリカゲルを入れたケースで展示するのです。和菓子の工芸菓子はそのまま展示します。

有平糖はそもそもポルトガルから伝わった菓子ですが、日本の風土に合わせて発展を遂げた。町の金太郎飴屋は平気で作業しているように見えますが、実はものすごく大変なことをしているのです。

要は売れたらええんや

どちらの先生も共通して強調されたのは、食材を無駄にするなということです。米の一粒、小豆の一粒もなくしてはいけないと。須永先生がなかなか菓子に触らせてくれなかったのも、そういうことです。

いまでも印象に残っているのは、「簡単に言うたら、売れたらええんや」という小川先生の言葉。「売れへんもんを一所懸命作ったら、ゴミになるんやで？　そしたら農家の方に顔向けできんやろ？」。だから、まずは売ることだと。

実際、小川先生はたまに生産農家を自分の店に招いて、「あんたが作った小豆、こんななったんや」と見せておられました。食材を作ってくださる方々への、深い畏敬の念があったわけです。

日本最高の職人といわれるレベルになれば、作るほうにばかり意識がいってしまい、売れる売れないは二の次になるのかと思っていました。でも、そうじゃなかった。ロスを出さないためには、売ることが第一だと。

実は、これは父の教えでもあります。小さい頃から菓子に限らず、食べ物を残すことは絶対に許されなかった。「この饅頭ひとつ作るために、農家をはじめどれだけ多くの人が努力したと思う？　その苦労を考えろ」と。

実は父自身も、若い頃に祖父から叱られたようです。父が捨てておいた砂糖の紙袋を見て「ちょっと、こっち来い」と。祖父がそれを逆さにしてポンポン叩くと、パラパラと砂糖が落ちてくる。数袋叩いたら、砂糖の一山ができた。「これ見て、お前は何も感じひんのか？」。近江商人は質素倹約だといわれますが、こうした「始末」の感覚はいまだに根づいていると思います。ただ、「もったいない」は世に言われるケチとは違って、作り手を尊重する気持ちから出てきた言葉なのです。

なぜ米を育てるのか

東京に出て以降、私は全国の菓子屋の食べ歩きをするようになりました。饅頭を割ったら、あまりに割れ目がきれいなので驚愕したり、どらやきの生地でも「どうやったら、こんな形の気泡を入れられるんや」と打ちのめされたり。技術力では「自分はまだまだやなあ」と思い知らされることばかりでした。

でも、そうしたものが売れているかというと、必ずしもそうではない。職人の独りよがりで、まったく売れていない店も多かった。いまでもそういう店を見かけたときは、小川先生の「要は売れたらええんや」という言葉を思い出します。

もう味だけで判断してもらえる時代ではない。見せ方も含め、トータルでお客様を感動させないといけない。売れないと、農家の方々を裏切ることになる。そう考えるようになったのは、修業のおかげです。

まあ、デパートの禁じ手であった「売り切れ」を認めさせたぐらいなので、たねやのロス比率は業界のなかでも低いのです。商品は必ず売り切っていますから。それでも製造過程や流通過程で二割ぐらいはロスが出る。

菓子屋業界には、お客様に迷惑をかけていないのだから、ロスは必要悪だという「常識」がある。賞味期限・消費期限がうるさく言われる時代ですから、トラブルになるよりは、廃棄したほうがいいという流れになりやすい。

でも、その行為は、生産農家の気持ちを裏切っているわけです。だから私が社長になって以降、ロスをゼロにするためのプロジェクトを続けています。商品がトレーの中で潰れるのなら、トレーを変えればいい話です。印字ミスが多いなら、チェック体制を見直せばいい。包装するときに引っかかるのなら、包装機を変えればいい。全工程を徹底的に見直しているところです。

それ以外に、自分たちでヨモギを栽培したり、ラ コリーナで米を育てたり、協力農家の収穫を手伝いに行ったり、少しでも生産者の気持ちに近づこうとしている。

ヨモギを除けば、食材を自分で確保しようとしているわけではないのです。それぞれの農作物に合った気候風土があります。栗なら大分や四国で育てるほうがおいしいし、梅なら和歌山で育てるほうがおいしい。白桃はやっぱり岡山ですし、小豆は北海道です。それでも私たちが農業をやるのは、米一粒、小豆一粒がどうやってできているのかを知れば、絶対に無駄にしないようになるからです。

私が修業で学んだのは技術というより、そうした菓子との向き合い方だった気がします。

こしあんは難しい

さて、私が滋賀県に戻ってたねやに入社したのは、製菓学校を卒業した一九八九年。須永先生の指導を受けていない時間は、当然、会社の仕事をしていました。普通の二世はいきなり営業部長になったりするものですが、父はそんなことが大嫌い。もちろん私もヒラ社員として、製造現場に入りました。

でも、二世の特権というか、数ある製造現場のなかで餡場に入らせてもらいました。あんこがなければ和菓子は作れません。しかしあんこ作りは非常に難しい。だから餡場はベテラン職人の仕事場であって、新入社員が入る部署ではなかった。それでも父が「たねやで学ぶのはあんこだけでいい」というので、餡場に入ることになったのです。

須永・小川先生もよくおっしゃっていました。「上生菓子の飾りを上手にやるのは誰でもできる。あんこは誰にでも炊けるものじゃない」と。

なぜ難しいのか？　毎年、小豆の品質が変わることもあるし、年一回しか収穫できないので、日々、品質が変化している。そうした変化に加え、季節による温度や湿度の変化なども考え合わせながら炊く必要があるからです。

いちばんいい状態のあんこは紫色をしています。茶色になるまで火を入れてはいけません。放っておくと焦げるので、混ぜる必要があります。でも、あまりこねくり回すとねちっこい仕上がりになってしまう。焦がすのは論外ですが、できるかぎり手を加えないほうがいい。そのへんのバランスが難しい。

特に気をつかうのが、こしあんです。おばあちゃんが作るぼた餅は、まず間違いなくつぶあんです。つぶあんなら素人でも比較的炊きやすいからです。こしあんとなると、プロでもなかなか難しい。

こしあんはどうせ皮をむくのだからと、適当に炊くわけにいきません。炊いている最中で小豆が割れると、内部のデンプンが壊れて粘りが出てしまうからです。小豆を潰さないよう、きれいに炊きあげる。そして、実と皮のあいだにあるおいしい成分を流してしまわないよう、丁寧にこす必要がある。

なぜ製餡会社に頼むのか

たねやの和菓子はアイテム数がものすごく多いので、あんこも一種類ではありません。

大福のあんこと、最中のあんこと、どらやきのあんこは別物です。甘さや硬さに違いがあるので、砂糖や水の量も炊く時間も小豆の種類も、商品ごとに違ってくる。数十種類を炊き分ける必要がある。

ある程度の経験を積めば、小豆を炊くこと自体はできるようになります。しかし、商品に合わせてあんこを炊き分けられる職人は、うちのスタッフ二千人中で十人ほどではないでしょうか。

私の場合、須永先生の修業が残っている三年間、毎日、餡場に入っていましたが、自分で納得のいくものが作れたことは一度もありませんでした。

だから、京都や東京には製餡会社がたくさんあるのです。実は多くの和菓子屋は自分であんこを炊かず、製餡会社から買っています。特に脱サラして家業の和菓子屋を継ぐような人は、ほぼ買っている。

一日に十~二十個しか売らないレベルだと、自分で炊くのは効率が悪いのです。製餡会社はそれぞれの店にカスタマイズしたあんこを作ってくれますから、下手に自分で炊こうとするより、品質が安定します。

たねやは何十種類ものあんこを作って、しかもトータルで毎日二~三トンもの量を作ります。だから、わざわざ工場に餡場を作って、あんこを専門に炊く人間を置く意味があるわけです。

ちなみに、たねやも巨大な愛知川工場を作るまでは、こしあんを製餡会社に頼んでいました。これは技術力がなかったわけではなく、近江八幡工場が瞬く間に手狭になり、製造ラインを入れる場所がなかったからです。現在はつぶあんもこしあんも、水羊羹のような水ものも、すべて自社生産しています。

なお、こしあんを炊くときに出てくる小豆の皮だけでも大変な量です。うちの場合は農園で肥料にすればいいのですが、大都市では産業廃棄物として引き取ってもらうしかない。大都市の菓子屋が製餡会社から買うことが多いのには、そういう理由もあります。

虫歯は職業病

餡場は和菓子職人であれば誰もが憧れる花形の部署です。とはいえ、仕事は本当にきつかった。

冬場なんか、水につけておいた小豆に手を入れると、水道水がお湯に感じられるぐらい冷たい。そのくせ、部屋はスチームサウナのような暑さでした。冬場でも汗がドボドボ出て、Tシャツを二〜三枚着替えます。朝六時に餡場に入って十時に休憩なのですが、いったん部屋を出たら、あんな暑いところに戻りたくなくなる。

炊き上がったあんこを大鍋から小鍋ですくう作業は、毎朝の憂鬱な作業でした。ものすごく重い。力があるなしに関係なく、ちょっとしたコツを覚えないと持ち上げられないのです。しかも、あんこが飛ぶので、しょっちゅう火傷をしていた。

いまと違って、換気設備も完備していない時代です。工房に入ったら、砂糖の蒸気が充満していました。みんな、それで歯が悪くなってしまう。職業病ですね。菓子屋の組合に出ると、社長とか会長とか呼ばれる人は、だいたい金歯か銀歯を入れていました。私自身、差し歯だらけです。

非常に過酷な職場ですし、そこで繊細な作業を求められる。だから「一人前になるには十年かかる」と言われるのでしょう。

ただ、そう言われるのは、別の理由もあるのです。菓子作りに限らず職人の世界では、手取り足取り教えてくれません。背中を見て覚えろと言われる。新人を効率よく育てていくシステムがなかった。

例えば、単位を示す用語です。私が修業した頃は、重さの単位は「匁《もんめ》」でしたし、長さの単位も「寸」でした。さすがにこれでは若い職人がついてこない。いまはすべてグラムやセンチ・ミリに直しています。

特にすぐれた職人になると、目分量でやっても一グラムも間違えません。何十回やっても、同じ重さにできる。そこで小川先生にお願いして、目分量で量ったものをすべて計量させてもらい、数字をメモしました。

もちろん、職人の勘というものは、いまも存在するのです。季節によって気温や湿度が違うため、当然、砂糖の量も水の量も変わってくる。春の配合と冬の配合はまったく違います。でも、それを「これは職人技やから教えられへん」と言ってしまっては、会社全体で共有できない。いまや糖度計のような計測器もあるのですから、どんどん数値に置き換えているところです。

洋菓子はお前がやったらええわ

一九九五年、私はセールスプロモーション（SP）室室長という役職につきます。社長の息子だから、何か肩書がないと周囲も呼びづらかったのでしょう。それで、私のためにSP室というものを新しく作ったわけです。これ以降、会社の人からは「室長」と呼ばれるようになりました。

とはいっても、べつに販売促進に特化した仕事をするわけではなく、工場にも入りますし、販売もやりますし、企画もパッケージもやりました。新規出店で人手が足りないような場合はヘルプに行く。要は何でも屋ですね（販売促進室は現存していますが、いまは販売促進に特化した仕事をする部署になっています)。

小川先生の修業はまだ二年残っていましたが、たねやへ頻繁にいらっしゃったので、私も滋賀県で仕事をするほうが多くなっていました。

当時、父から言われたのは「まずは一店舗を攻略しろ」。一店舗をしっかり回せるようになれば、十店舗でも二十店舗でも見られるようになる。ひとつの店もうまくできないやつが、会社全体のことを考えられるはずがないと。

それで、一九九二年に移転したばかりの八日市玻璃絵館の指揮をとることになりました。SP室室長になる前後の時期です。それまで製造畑ばかりだったので、自分がお客様と直接向き合う仕事をするなんて、まったく予想もしていませんでした。

結婚を機に八日市玻璃絵館の三階に住むようになったので、午前中は店を見て、午後からはSP室室長として近江八幡の本社に出向いたり、工場に出向いたり、小川先生が近江八幡にいらっしゃるときは、一緒にいろんな生産現場を回ったり。そのあと閉店までには八日市玻璃絵館に戻るという生活でした。

父が「憧れの本店を作るんや」と言って八日市店を立ち上げた話は前章でしました。実はこの八日市店、洋菓子と非常に関わりの深いお店なのです。その場所にスーパーの平和堂が建つから移転してくれと頼まれ、この八日市玻璃絵館をオープンしたわけですが、洋菓子に力を入れる性格は引き継いでいました。

八日市玻璃絵館を任せたのだから、「洋菓子はお前がやったらええわ」と。やはり父と息子が同じ仕事をやっていたのでは、衝突することもある。そこで棲み分けようという判断だったのだと思います（SP室室長として商品やパッケージを考えたのも洋菓子で、和菓子にはタッチさせてもらっていません）。

結果的に、この判断が世代交代をスムーズにした面もあると、私は考えています。

父が私に洋菓子を任せたのは理由があります。洋菓子はほとんど力を入れていない分野でしたし、売上は全体の一割にも満たなかった。もし私が失敗しても、和菓子が絶好調なので、いくらでもカバーができます。息子に裁量権を与えて「現場で育てる」には、もってこいの分野だったのでしょう。

戦後六年目には洋菓子を始めた

実は、たねやの洋菓子は非常に歴史が古い。なんと祖父の時代、一九五一年には洋菓子の製造を始めています。最初の近江八幡店の向かいがヴォーリズ家でしたから、庭にテーブルを出してパーティをされるのを、祖父や父はよく見ていた。昼間の三時から集まって、芝生の上でお茶を飲むのだから目立ちます。

父もたまにお呼ばれしたようですが、クッキーだとかパイだとか、見たこともない菓子が並んでいた。ケーキの上にイチゴがのっていたり、ローソクが立っていたりするのですから、子供は大喜びです。東京では珍しくなかったとしても、近江八幡でそんな光景が見られるのは、そこだけでした。

ヴォーリズ家の方から洋菓子の製造法を習ったわけではないのですが、アメリカ文化を学んだ。それで終戦から六年しかたっていない時点で、「これからは洋菓子も売るべきや」と決断したわけです。

和菓子の横に、クッキーやスイートポテト、モンブランといった洋菓子も並べる。一九七一年にリーフパイ、一九七三年にはバームクーヘンの製造も開始しました（このふたつが主力製品に育ちます）。

それをさらにプッシュしていこうというのが、一九七九年の八日市店でした。入口に近い場所に洋菓子を並べ、その前を通らないと和菓子にたどり着けないようにした。洋菓子の知名度を高めるためです。店内には喫茶スペースも作りました。

同じ年、洋菓子部門を「ボン・ハリエ」という名前で分離しています。ボンはフランス語の「良い」。ハリエは、ヴォーリズさんも好んだステンドグラスのことです。特に深い意味があったわけではなく、なんとなく洋風に感じられる言葉を並べた。要は、それまで

「たねやの洋菓子」と呼んでいたものに、明確な名前をつけようということです。ここで初めて洋菓子専門の職人を置きました。

バームだけ作ってたらええんや

八日市店ができ、ボン・ハリエという新会社も生まれた。では、本格的に洋菓子に力を入れたのかといったら、そんなことはありませんでした。この五年後には日本橋に出店し、そこから和菓子の快進撃が始まるからです。

たねやがまったく次元の違う会社に成長するうち、洋菓子はいつの間にか忘れられたジャンルになってしまった。「バームクーヘンとリーフパイがあったら、ほれでええのや。それ以外の余計なことはするな」という時代でした。

たねやがクリスマスケーキやバースデーケーキを作るわけにはいきません。たねやの名前でできない分野の穴埋めをするのがボン・ハリエの役割でした。なにしろ和菓子が大忙しで人手が足りない。洋菓子職人たちも栗をむいたり、ちまきを巻いたり、和菓子の手伝いをしていた。

実は最初の洋菓子専門店として、一九八三年にボン・ハリエ西武大津店をオープンしています。ところが、看板商品であるバームクーヘンをメインにせず、ケーキやプチシュークリームなど流行りもので勝負していた。どこにでもある洋菓子屋になってしまって、案の定、一九九六年には撤退しています。

要は、ボン・ハリエの名前だけあって、実質はほとんどなかったわけです。売上が会社全体の一割に及ばなかったのは、それなりの理由がある。洋菓子にまったく力を入れていなかった。

弟は私と前後してボン・ハリエのほうに入社したのですが、夜まで残って技術を磨いていると、経理に叱られたそうです。「赤字なんやから、光熱費をこれ以上増やさんといて」と。まさに「余計なことはするな」の世界ですね。

でも、バブル時代に海外の菓子屋がたくさん入ってきたこともあって、われわれもそろそろ洋菓子に本腰を入れるべきではないか、という話になった。一九九二年の八日市店移転がきっかけです。そして、私が受け持つことになった。

新生八日市店（八日市玻璃絵館）は、初めてたねやの看板を出さないお店でした。もちろん和菓子も置いているのですが、これまでの割合が和菓子八：洋菓子二だったとしたら、和菓子六：洋菓子四ぐらいにした。和菓子とか洋菓子とかいう垣根を越えて、菓子の世界を追求したい。それで、たねやの看板を外したのです。

栗きんとんのモンブラン

一九九五年、ボン・ハリエはクラブハリエと名前を改めます。クラブというのは、社交場のように人が集まるように。ハリエにはステンドグラスのようにいろんな色が集まってひとつになるという再解釈を与えました。それぞれの職人が自分の色を出していったらいい。それがまとまって、ひとつの会社になるんだと。

たねやの和菓子は、主人の舌がすべてを決めます。社長がすべての味をチェックして、OKしたものだけが滋賀県の工場から全国に送られる。それに対して、生クリームなどを多用する洋菓子は配送になじみません。各店のシェフがそれぞれに商品を作り、滋賀県にいるグランシェフ（弟です）がコントロールする。もちろん店舗数が増えるのはもっとのちの話ですが、いずれはそうした組織にしたいとの思いを、クラブハリエという名前にこめたわけです。

クラブハリエの初代社長は父でしたが、実質、私に任されていました。「たねやの洋菓子」として出したほうが売れるのはわかっていても、まずはブランドを確立しないといけない。ロゴを変えたり、パッケージを変えたり工夫しました。

洋菓子を一人前にしてやるんだと鼻息だけは荒かったものの、しょせんは田舎のケーキ屋にすぎません。現在のクラブハリエでは世界チャンピオンを次々と輩出していますが、この当時は関西大会ですら勝てなかった。技術力も商品開発力も経験もまだまだ足りなかったのです。

八日市店リニューアルで洋菓子売場が広がったということは、それだけの面積を商品で埋めなければなりません。ところが、その力がない。だから当時は、協力会社から菓子を仕入れて、クラブハリエの名前で売るようなこともしていました。クッキーやサブレ、フィナンシェなど、果実を丸ごと使ったシャーベットを仕入れて売っていたこともあります。自分たちで作るより、外から仕入れたもののほうが売れるのです。悔しいし、もどかしいものの、それが当時の実力でした。

そんななか、小さな成功体験はいくつかありました。例えば、一九九七年の草津近鉄店オープンに際して考えたモンブラン。周囲には競合店がひしめいているので、ブランド力のない私たちがまともに勝負して、勝てるはずがない。

そこで、お客様の目の前で栗のクリームを絞り出す作業を見せました。しかも、味わいをこれまでとはまったく違うものにした。周囲のモンブランは洋酒を入れて生クリームをたっぷり使ったクリーミーなもの。うちは和菓子屋出身なので、栗きんとんをベースにして、栗の風味そのものを味わえる濃厚なモンブランを作った。これが人気を呼んだことで、私も弟もずいぶん自信をつけました。

「終わりかけた商品」で勝負に出る

流れが変わったのは一九九九年。梅田阪神に出したバームクーヘン専門店「クラブハリエＢスタジオ」が起爆剤になって、一躍、有名になったのです。

出店要請があったとき、弟と話したのは、中途半端なことはするまいということ。大津西武店でフルアイテム並べても売れず、栗饅頭や最中など三つの商品だけにしたら売れ始めた。その教訓を忘れてはいけないと。

地元のお客様にずっと愛されてきたたねやの看板商品が栗饅頭・最中です。では、洋菓子においてそれは何かといえば、バームクーヘンとリーフパイでした。特にいちばん売れていたのがバームクーヘンで、婚礼にも強かった。このときは草津近鉄店のモンブランが話題になっていましたが、それを置いたら中途半端になってしまう。バームクーヘン一本で勝負しようと。

とはいえ、大問題があります。世の中でバームクーヘンは「終わりかけた商品」とみなされていたことです。いまでこそどこでも見かけますが、それは私たちがバームクーヘンブームを作ったあとの現象なのです。

当時のバームクーヘンは、結婚式の引き出物に使われる程度の存在でした。進物として長期間もたせるため、パサパサしたおいしくない商品が多かったからか、実際、「バームクーヘンやったらいらんわ」と言われたことがあります。

焼きたてのバームクーヘンの「丸太」

でも、私や弟には強烈な記憶がありました。子供の頃、工場で焼きたてバームクーヘンの「丸太」にかぶりついた思い出です。菓子屋の息子の特権ですね。あんなにおいしいものはなかった。たねやの菓子には正直、飽き飽きしていたところもあったのですが、バームクーヘンだけは毎日でも食べたかった。

世の中の人たちは、本当のおいしさを知らないだけなんだ。それを知っていただけたら、絶対にファンになるはずだ。私と弟には確信があったのです。

デパート側は猛反対でしたが、直接、先方の社長にかけ合って、「必ず一番をとります。一週間で結果が出なければそちらの言うようにしますから、まずは私たちの思うようにやらせてください」と頼んだ。阪神百貨店の食品売場は日本一ですから、そこらへんの決断は早い。私たちの「常識外れの提案」を飲んでくださいました。

バームクーヘン革命

ドイツ語でバームクーヘンは「木の菓子」という意味。木の年輪のような層になっていることからのネーミングですが、本場ドイツのものはけっこうみっしり詰まっていて、ガチガチに硬い。日保ちさせるためです。だから、みんなコーヒーやブランデーに浸して食べています。

それに対して、クラブハリエのバームクーヘンは日本人の嗜好に合わせてフワッと仕上げてある。「こんなん邪道や。本物と違う」と批判されたこともあるのですが、「いえ、これが本物の近江八幡のバームクーヘンです」と答えていました。むしろ、その柔らかさを積極的にアピールしていこうと、「ゆらゆらバーム」と名づけ、お客様の前で揺らしたりしました。

さすがに丸かじりしていただくことはできなかったものの、バームクーヘンの丸太をお客様の目の前でカットしてお渡しした。店舗まで丸太で運べば、そのぶん乾燥を防げます。よりしっとりした風味になる。

ちなみに、その場で焼くほうもやれば、さらに職人しか知らない味に近づくのですが、スペースの問題でデパートでは難しい。何店舗か挑戦はしてみたのですが、現在、売場で焼いているのは、敷地に余裕のあるラ　コリーナと日本橋三越店だけです。

その場でカットするのは、ライブ感を楽しんでいただく演出です。工場を売場にする。ショップ・イン・ファクトリーという考え方です。その後、多くの店舗で取り入れるようになりましたが、これが先駆けです。

梅田阪神のバームクーヘンの売場

阪神百貨店の社長には「一週間ください」と言いましたが、結果が出るのにそんなに必要ありませんでした。食品売場で売上トップになるには一年かかりましたが、オープン当初から話題になったし、メディアでもたくさん取り上げていただいた。

メディアは「バームクーヘン革命」と書きたてましたが、たねやグループにとっては、それ以上の意味がありました。ずっと赤字だった洋菓子のジャンルがついに独り立ちするきっかけになったからです。現在、洋菓子の売上は会社全体の四・五割と、和菓子を逆転する寸前まできています。

二〇〇〇年ぐらいから、どこのデパートの菓子売場でも、洋菓子が和菓子を圧倒していきます。一等地はだいたい洋菓子が占拠し、和菓子は隅に追いやられていった。菓子の世界でそうした地殻変動が起こりつつあるとき、クラブハリエが急成長を始めたのですから、ギリギリその波に乗れた。本当にラッキーでした。

二〇〇二年に横浜髙島屋に出したクラブハリエは、それまでとは大きな違いがありました。それまで横浜髙島屋にたねやは出店したことがなかったのです。たねやの看板に頼った出店を続けてきましたから、クラブハリエだけでの出店は画期的でした。このあたりにブランドを確立できたのだと思います。

もう腹をくくろう

私は一九九八年にたねやの常務取締役、二〇〇〇年に専務取締役、二〇〇二年にクラブハリエ社長に就任します。ただ、これはあくまで肩書だけの話。ＳＰ室室長も二〇〇〇年まで続けていますし、実質的には便利屋のままでした。専務になるとお店に立つことはなくなりましたが、それでも、どうせ意味のない肩書ですから、副社長にも就任せずに社長になっています。

バトンをもって走っているのは父ですから、専務といっても、何も決められません。常務時代の二年間、専務時代の十一年間を通じて、洋菓子以外のことに口をはさめませんでした。

ただ、専務になったときに父から言われたのは、「自分の右腕になる人間を十人育てろ」。そこで人事異動をかけて、徐々に自分のスタッフを昇進させていった。将来の社長交代に向けて手を打ち始めたわけです。管理や人事など組織にまつわることは、むしろ積極的にやれというのが、父の方針でした。

当時の幹部は父が引き上げたスタッフばかりです。そのまま私が社長になったのでは、古参幹部がなかなか動いてくれない。これは他の菓子屋からもさんざん愚痴を聞かされました。私が社長になったあとで人事に手をつけていては、体制が整うのに十年かかる。そこで、専務でいるあいだに私のスタッフを育て、徐々に入れ替えていったわけです。

この頃、たねやにとって大きな出来事がありました。二〇〇〇年、父が僧帽弁閉鎖不全症で心臓の大手術を受けたのです。手術は成功したのですが、仕事人間ですから、一般病棟に移ると、もう会社に戻りたがる。勝手に院内を歩き回って昏倒。再び大手術です。のどに通していた管を自分で引き抜いたこともあり、声が出にくくなってしまった。

父が復帰を急いだのは理由があります。二〇〇一年初頭に守山玻璃絵館のオープンを控えていたからです。最初の守山店については前章で紹介しましたが、今度は直営店。しかも、イングリッシュガーデンと喫茶スペース、工場まで備えた大型の路面店です。非常に大きな出店計画だった。

銀行からも協力会社からも「出店は延期したほうがええんと違うか？」との声が上がりました。当時の幹部は父のスタッフばかりでしたから、社内も同意見だった。たねやが父のワンマン会社であることはわかっていましたが、ここまで不安がられることにショックを受けました。

自分はいままで、山本徳次の息子というだけで相手にしてもらっていたのだと痛感しました。私自身の信用なんかなかった。まあ、祖父が急死したときも「たねやは潰れる」と噂されて、父は悔しい思いをしたようですから、世代交代を果たすために一度は通らなければいけない道なのでしょう。

そこで、もう腹をくくりました。父の回復は順調なので、仮に失敗しても、まだ挽回がきく。それなら、私と弟の思うような勝負をしてみようと。「社長は入院してはるから、文句を言いに来れへんやろ」ということです。

このとき守山玻璃絵館で大人気になったのが、ケーキバイキング。九十分制で、ケーキの種類は毎月変えます。ケーキバイキング自体はすでにホテルなどで始めていたので、滋賀県初ではありません。でも、毎日やって、ケーキが月替わりというのは、新しい試みだったと思います。

ショップ・イン・ファクトリーを路面店で展開したのも、守山玻璃絵館が初です。職人がケーキを作る姿をながめながら、できたてを味わう。菓子はどんなものでも、作りたてがいちばんおいしいのです。梅田阪神店からの流れでバームクーヘンのカット販売もやりましたが、これも大評判になりました。

守山玻璃絵館

世界一になってやる

結果的に守山玻璃絵館は大成功。父も胸をなでおろしたと思います。私と弟にとっても、親が元気なうちに大胆に勝負するチャンスをもらえて、本当にラッキーでした。世代交代を後押しする風が吹いた。

小さな組織（クラブハリエ）を差配する権限を与えてもらって、それなりに結果を出しつつありました。バームクーヘン専門店の二号店も、守山玻璃絵館の二ヵ月後には日本橋三越にオープンすることが決まっていた。

それに加えて、和菓子・洋菓子の両方を揃えた路面店である守山玻璃絵館を大成功させたのですから、父も少しは認めてくれたはずです。

大きかったのは、なんといっても私たち兄弟に自覚が生まれたことです。自分たちの気持ちがここで変わった。

私の話はあとでしますが、弟の変化には驚きました。小さい頃から菓子屋になるつもりもなかったし、誰もそんなことを予想していなかった。就職氷河期がきたため仕方なく入社したぐらいだし、たねやでなくボン・ハリエを選んだのは「赤字会社やから、絶対ヒマやろ」という理由です。

入社してすぐ洋菓子の修業には出たものの、どちらかといえば遊びのほうが好き。スノーボードでインストラクターの資格をとったぐらいです。ところが、スノボーで腕を骨折したり、修業先で自分の技術のなさを思い知らされたりして、徐々に菓子作りに夢中になっていく。守山玻璃絵館を経験したあとにはグランシェフとして会社を引っ張っていく自覚が生まれていた。

もともと何でも極めるタイプです。スノボーにせよ、スケボーにせよ、スキーにせよ、ゴルフにせよ、いつも先に手を出すのは私。でも、飽きっぽいので、すぐ次の趣味に移ってしまう。放っぽり出された道具を使って徹底的に練習を重ね、プロのインストラクターになるのは弟のほうなのです。

このときも、田舎のケーキ屋のままではダメだ、クラブハリエの技術力を上げようと一念発起します。突然、「俺は世界チャンピオンになる」と言い出した。実際、二〇一〇年には、製菓界のワールドカップといわれるアメリカのWPTCで、日本チームを率いて初優勝しました。

面白いのが、こうなると、「勝ち方」がわかってくること。WPTCは二年に一度の大会ですが、次の二〇一二年大会でも、日本チームが優勝します。三人一組で争うのですが、うち二人がクラブハリエのシェフ。二大会連続の優勝は画期的ですが、二大会連続で同じ会社から日本チームに入るのも異例です。

少し前まで近畿チャンピオンにすらなれなかったのですから、嘘のようです。本人の自覚、そして周囲を巻き込む力があれば、組織は短期間に変われるということでしょう。身近にレベルの高い仲間がいれば、自然と全体がレベルアップしていきます。環境が人を育てる面がある。いまや誰も彼もがコンクールに出たがるので、社内審査で選別をかけているほどです。

もちろん、こうした個人的努力は、会社の業績にもはね返ってきます。現在、クラブハリエを支える新たな柱となったチョコレートは、こうしたなか育ってきた商品なのです。バームクーヘンやリーフパイは工場で作って店舗へ送っていますし、プリンやモンブランといった基本的な菓子は統一感のあるものにしています。ただ、それ以外のさまざまなケーキに関して各店のシェフに大きな裁量を与えているのは、弟の性格も大きいと思います。周囲を巻き込んで、やる気にさせるのがうまいのです。

私と弟が全然タイプの違う人間であることも、二人でバランスをとりながら会社をうまく回していける理由になっている気がします。

たねやの息子というだけや

父は二〇〇二年にも脳血栓で倒れたり、その後も体調が万全とはいえませんでした。もちろん、本人には病人の自覚などいっさいありません。声がかすれているのも手術をすれば治るのですが、「しゃべれるんやから、これで十分や。声が出づらくても、仕事はできる」と、以前と変わらない働きぶりでした。

それでも、心臓に人工弁を入れていますから、血栓の心配もあって無理はできない。二〇〇六年に近江八幡工場から愛知川工場へ本社機能を移したときも、体調を崩して入院していました。

さすがに退き時だと思ったのか二〇〇九年の年頭、父から「そろそろ交代しよか」と声がかかります。私が四十歳になる節目の年です。

でも、このときは「あと二年待ってください」と断りました。日本青年会議所の副会頭など、対外的な役職が残っていたからです。

修業を終えた二十七歳の頃から、私は対外的な活動を始めました。菓子業界やデパートの会合に顔を出して人脈を作る。当時の私は口下手ですし、人前でろくに話もできなかった。「これで社長はつとまらないな」と自分でも思ったし、おそらく父もそう思ったのでしょう。青年会議所へなかば強制的に入れられました。

近江八幡や彦根の青年会議所からも声をかけていただいたのですが、知り合いの多い近江八幡では甘えが出そうだと考え、八日市の青年会議所を選びました。半年ぐらいは嫌でたまりませんでした。例会を三回連続で欠席したら退会というルールがあったので、それを守ることだけで必死でした。

たねやは八日市の地元企業では断トツの存在でした。正直、私に「俺はたねやや！」という気分があったことは事実です。それでいて、先輩からは「お前はたねやの息子ゆうだけや。自分に何の実力もないのに、いい気になるなよ」と嫌味を言われる。不愉快でしたが、いま振り返ると発破をかけてくださったのだと思います。

カバン持ちをしていた時代、「たねやはすごいけど、息子はミソクソだ」と言われました。ようやく解放されたと思ったら、また始まったわけです。でも、自分を変えるための修業だと考えるようにしました。

何か企画するとき、自分で議案書を書いて提出して、みなで討議するのが青年会議所のルールです。そこでボコボコにされる。「そこまで言わんでも……」ぐらいの叩かれっぷりです。実力不足を痛感して、逃げ出したくなりました。たしかにたねやが有名でも、私はミソクソだったのです。

それでも辛抱して参加すると、先輩に顔を覚えられ、いろんなところに誘っていただくようになります。役職も与えられる。そうした経験を積むうちに、いろんなシーンでどう振る舞うべきか、どう話せばいいかがわかってきました。

あるとき、会員の歯医者さんから言われました。「お前はええよなあ。従業員多いから、好きなときに抜けられて。うちは俺しか治療できひんから、どうしようもない」。自分がものすごく恵まれていることに気づきました。

そこで、もう本格的にやってやろうと。八日市青年会議所では三十三歳まで理事をやりましたが、その後は全国組織に出ることにした。結局、日本青年会議所という全国組織で副会頭までやりました（その任期が残っていたので、「あと二年待ってください」と頼んだわけです）。

いまから思うと、若い日の私が会社の会議で一言も発言できなかったのは、口下手だったからではないと思うのです。自分の考えがなかったから、発言できなかった。この時代に「自分を作る」ことに努力したことで、人前でも平気でしゃべれるようになった。いまでは「しゃべりすぎやで」と言われるぐらいになりました。

あんたはあんたのやり方でいい

若い頃の私は、父のことしか見ていませんでした。あんなカリスマ性のあるリーダーに自分がなれるのだろうか。不安とプレッシャーしかなかった。でも、こうした団体でさまざまな経営者と知り合って、「あんたはあんたのやり方でええやん。なんで親父さんと比べる必要があるの？」と教わった。

同じことをやったら、絶対、父にかなわない。偉大な父をもった二世ならではの悩みだと思います。ならば、違うことをやればいいだけの話です。自分の世界を作り上げることだけに集中すればいいんだ。そう割り切れたとき、不安もなくなりました。

私には父ほどのカリスマ性がない。ならば、周囲の知恵を借りればいい。ワンマン会社ではなく、組織力で勝負する会社にすればいい。実際、会社の状況もそれを求めていたのです。父は家業を企業に変えた過渡期のリーダーです。でも、私は最初から企業を引き継ぐのですから、頼るべき組織がある。

百歩譲って私が父と同じ力量をもっていたとしても、こんなに会社が大きくなってしまっては、ワンマン社長がすべて仕切ることなど不可能です。新しい形のリーダー像が求められる。

こうして徐々に体制を整えながら、二〇一一年三月、私はたねやグループの社長に就任します（弟はクラブハリエの社長になりました）。

実は東日本大震災が起きたとき、私はアメリカにいたのです。大急ぎで帰国便をとって三日後に帰ってきました。東北で作っている資材が届かなくなるなど混乱はあったのですが、私なんかいなくても、スタッフが自主的に対策を立て、すでに動き出していた。義援金を集めたり、支援物資を送ったりするのも早かった。組織力が育ち始めているのを実感しました。

スタッフがそれぞれの力を発揮できる場所を作る。それが私なりのリーダー観です。だから本社には月に十日も顔を出しません。企業に育ったたねやを引き継ぐことになる次のリーダーにも、そうした「自分自身で考えて動く組織」は必要です。悩んだすえにたどり着いたのは、そういう組織を作り上げることこそ、次代にバトンを渡す者としての私の役目だということでした。

第三章　ラコリーナの思想

品切れしても滋賀県で作る理由

関東や愛知県のたねやファンの方はお気づきかもしれませんが、年に一回ほど、店舗の品揃えが極端に手薄になるときがあります。関ケ原の大雪で高速道路が通行止めとなり、商品を届けられなくなるのです。

第一章で書いたように、昔のデパートは品切れというのは絶対に許されない世界でした。閉店ギリギリまですべての商品が並んでいるのが「常識」。そこに売り切れという概念を持ち込んだのがたねやですから、年に一回の「売るものがない！」という事態も許していただいています。

なぜ、こういうことが起きるのか？ 製造を滋賀県だけでおこない、全国に配送しているからです。大福みたいな餅類や、焼き菓子のラインは近江八幡工場で、それ以外は愛知川工場で製造しています。

愛知川工場は二〇〇二年に竣工していますが、とにかく水がいい。鈴鹿山系の伏流水が得られる土地で、周囲には日本酒の蔵もたくさんあります。「平成の名水百選」にも選ばれた山比古湧水の水脈です。検査したところ、裏千家家元の今日庵「梅の井」と同じぐらい、茶や菓子作りに向いた水という評価でした。

菓子屋は水が変わることを極端に嫌がります。なにしろ和菓子の六〇〜七〇パーセントは水分。ものによっては八〇パーセントを超えるものもある。水質が少し変わるだけで、菓子の味も別物になってしまうのです。

開発商品の味をチェック「酸味が足りない」と著者

他の業界だと、会社が大きくなると本社を東京や大阪に移したりしますが、菓子業界ではありえない。本社は地元に残しておくのが普通だと思います。

一日一便、夕方四時ぐらいにトラックに載せれば、たとえ東京でも翌朝のオープン時間には間に合うのですから、それで十分なのです（ラ コリーナなど極端に数の出る滋賀県内の店舗へは一日二便にしたりします）。

菓子屋は「主人の舌」がすべてです。主人がＯＫを出したものしか店頭に並ばない。もちろん、味の部分までコンサルタントに任せてしまう菓子屋も少なくないのですが、少なくともたねやでは、主人が決めている。だから、主人の住む滋賀県で、すべての菓子を作るのです。

では、その主人の舌が変わったとき、菓子屋はどうなるのでしょうか？　例えば世代交代で、新しい社長が就任すると、菓子はどうなるのか？

この章では、私が社長に就任したあとに起こったことを紹介しながら、私の代のフラッグシップ店である「ラ コリーナ近江八幡」についても説明したいと思います。私たちはつねに「本物」を目指していますが、その本物とは何かをお伝えしたいからです。

栗饅頭の味さえ変えた

私が社長になって最初にやったことは、全商品の味の見直しです。主人の舌がすべて。主人がおいしいと思わないものは売らない――。これが父から受け継いだたねや精神ですから。

製造本部から二人、商品企画から一人の腹心を集めて、毎日毎日、商品の検討をおこないました。社長交代時点で七百～八百アイテムありましたが、味や配合を変えていないものは、ほとんどありません。

営業部の意見はいっさい聞きませんでした。百アイテムぐらいは廃番にしたので、店舗からは「売るものがなくなります」と苦情がきたし、販売からは「売上が下がります」と猛反対された。でも、減らしたあと、五年間で二百アイテムほど新商品を作りましたから、売上に影響が出ることはありませんでした（現在は千アイテムを超える商品があります）。

父の舌と私の舌では、当然ながら微妙な違いがあります。例えばお餅のつき方にしても、私は柔らかすぎないものが好き。噛んだときにギュッとした歯ごたえが残っていてこそ餅だと考えるからです。こういう微妙な部分を変えていく。

見直しに例外はありません。父の時代のメガヒット商品「ふくみ天平」も遠慮なく変えました。まずはあんこに入れる寒天を減らし、小豆のとろみだけで固めるようにした。寒天が入れば入るほど硬くなるので、もっとみずみずしい柔らかさを出したかったのです。一方、あんこの中に入っている餅は増量しました。さすがに父から何か言われるかと身構えたのですが、一言もありませんでした。

たねやの代名詞である栗饅頭も同様です。砂糖の量を半分に減らし、栗の量を倍増しました。もう昔のような「砂糖さえ入っていたらありがたい」という時代ではありません。むしろ健康志向で甘すぎる菓子は敬遠される。甘さを控えめにして、栗本来の風味を味わっていただくほうが、時代に合うと考えたのです。

干菓子なら、昔は砂糖と和三盆を混ぜて使っていましたが、和三盆だけを使うようにしました。高価にはなるのですが、口どけが全然違うので、その価値はある。

末廣饅頭などでは黒糖を使用しますが、昔は沖縄の波照間産の黒糖一本でした。しかし、島によって酸味が全然違うので、いまは商品によってさまざまな黒糖を使い分けています。ちなみに、沖縄県の副知事によれば、日本でもっとも黒糖を使っているのがたねやなのだそうです。

何もしないのも職人の仕事

私が子供の頃に好きだった菓子は、柏餅、桜餅、草餅、大福といった餅類。栗饅頭、最中、カステラ、どらやきも好きでした。要は、素朴でシンプルなものが好きだったのです。余計なものを加えていない菓子です。あまりこねくり回したような菓子は好みではありません。

こうした好みに、修業が拍車をかけます。須永先生も小川先生もくり返し強調されたのが「素材そのものの良さを生かせ」ということだったからです。

秋限定で出している「たねや長寿芋」という菓子があります。芋あんを生地で包んだ焼き菓子です。当時、小川先生が技術指導に来られて「芋と砂糖だけでええんや」とおっしゃり、あんこの量をかなり減らしました。素材の風味も質感もグンとアップしたので驚きました。以来、よりシンプルな菓子を目指すようになった。

クラブハリエのモンブランも発想は同じです。洋菓子の世界では洋酒を入れたり香料を入れたり、手を加えていく。栗本来の味とは離れていってしまうのです。だから、和栗の栗きんとんをベースにしたシンプルなモンブランにした。私はほぐしただけの栗がもっともおいしいと考えているからです。

ちなみに、栗きんとんは秋限定の菓子ですが、栗饅頭は通年の菓子です。栗は九～十二月にしか収穫できませんが、そこでまとめて加工して缶詰にしておく。栗饅頭のように栗の分量が少ない場合は、それで十分おいしく作れます。しかし、栗きんとんは「栗そのもの」ですから、大量の栗を使う。缶詰よりも、収穫したばかりの栗を使うほうが風味が出せるので、秋の季節菓子にしているわけです。

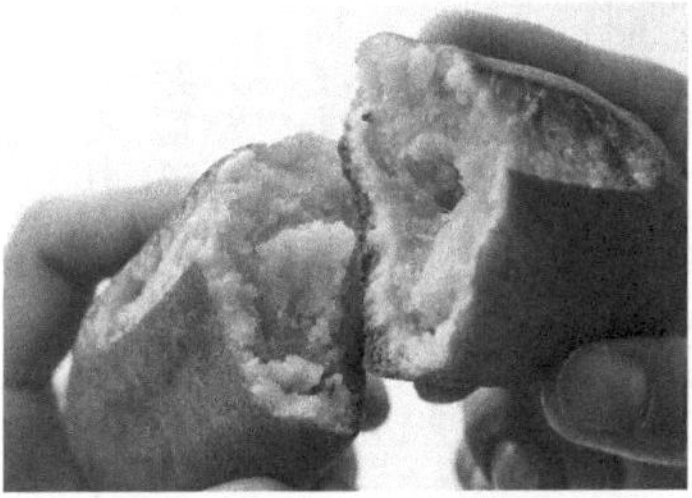
あんこの量を減らした「たねや長寿芋」

菓子作りにはさまざまな制約があります。例えば白桃なら、旬の時期に産地まで行って、熟したものをその場で食べるのが、もっともおいしい食べ方です。ただ、それは誰にでもできることではない。そこで、旬を過ぎた桃や、まだ熟しきらない桃を使い、砂糖や洋酒で誤魔化して菓子にする人が多いのです。それではおいしいはずがない。

私はなるべくベストな食べ方に近づけたい。そこで産地に行って、完全に熟したものをもぎ取り、その場でジュースにしてゼリーを作ろうと発想する。それがもっとも「素材本来の風味」を味わえるからです。

非常にシンプルな方法で、菓子職人は何の仕事もしていないように思われるかもしれません。でも、素材の邪魔をするぐらいなら、職人は何もしないことを選ぶべきだと考えています。

ぼた餅とおはぎは何が違うのか?

菓子の販売方法も見直しました。歳時菓子は父の残してくれた大きな遺産ですが、販売期間については思うところがあった。ちょっと長すぎるように思えたのです。そこで、それまで一週間売っていたものなら二~三日間に短縮するなど、より歳時を感じられるようにしました。

例えば、正月七日に無病息災を願って七草粥を食べる習慣がありますが、それにあやかった「七草餅」という商品があります。セリ、ナズナ、ゴギョウ、ハコベラ、ホトケノザ、スズナ、スズシロという七草を刻み入れた餅です。以前は七日間売っていましたが、二日間しか売らないようにした。そのほうがお客様にはインパクトが強い。「いましか手に入らへん」と渇望感が出て、売上はさほど減りませんでした。

その一方で、歳時を現場に根づかせていく必要性は感じていました。現場の店員がお客様から質問されたとき、行事の意味を的確に答えられなければいけない。そこで歳時やお菓子の解説をメールで配信しました。

例えば、ぼた餅とおはぎは何が違うのか？　実は同じものなのです。牡丹の花が咲く春の彼岸に食べるのがぼた餅。萩の花が咲く秋の彼岸に食べるのがおはぎ。「季節によって呼び方が違うだけです」と説明できれば、お客様は納得されます。

あるいは、お正月に食べる花びら餅。味噌あんとゴボウを餅ではさんだ菓子ですが、どうして正月に食べるのか？　そもそもは宮中で「お歯固めの儀式」といって、白い丸餅の上に紅色の菱餅をのせ、さらにいろんな食べ物をのせて食べていました。茶の湯で初釜に使われたりするうち簡略化して、いまの形になったのです。

「でも、たねやでは伝統を忘れないよう、お餅の中に小さな赤い菱餅を入れてあります。お餅をめくってみないと、気づかないんですけどね」

そう説明できれば、お客様の満足度は飛躍的に上がります。

売れるからたくさん作ればいい、という時代ではないと思うのです。会社が急成長していた時期は「これでいいんかな？」と思うことも少なくありませんでした。

例えばボン・ハリエの時代。洋菓子がまだ珍しいから、クリスマスケーキを作れば飛ぶように売れます。でも、売れるぶん、大量に作りおきしないといけない。早めに作って箱に入れて保管していると、イチゴの色も変わってきますし、ケーキに紙の臭いもついてしまいます。

現在のクラブハリエでは、各店のシェフが作れる量しかクリスマスケーキを作りません。昔とは比較にならないほど少量なので、すぐ売り切れになる。なかには一年後のケーキを予約されるお客様もおられます。

もちろん、売り切れでお客様にご迷惑をおかけしている面はあるのです。でも、その問題を、無理して大量に作ることで解決したくはない。ケーキを作れるシェフを大量に育てる方向で解決するのが筋だと考えています。

市松模様で統一する

パッケージも一新しました。基本的に白にした。

それまで、羊羹専用の箱があったり、どらやき専用の箱があったり、ふくみ天平専用の箱があったりしました。とにかく商品ごとに目立つように工夫をしていた。歳時菓子ならつねに目新しい商品を提供できる、というところでスタートしていますから、その判断は間違っていなかったと思います。

ただ、それでは「たねや」というブランドが意識されない。ここまで認知度が上がってきたのですから、また違うやり方があるのではないか？　そこで、進物用は「たねや箱」と呼ばれる白い貼り箱で統一しました。たねやの商品はたねや箱、クラブハリエの商品はクラブハリエ箱に入れるようになった。

これはブランド戦略です。エルメス、ルイ・ヴィトン、シャネルといったスーパーブランドは、箱やパッケージを統一している。イメージカラーだって、エルメスならオレンジ、ルイ・ヴィトンなら茶色、シャネルなら黒という部分を絶対に動かさない。買うほうはいちいち確認しなくても、直観的に認知できるわけです。

たねやにはこれまで、そうしたブランド戦略がなかった。「社名なんかどうでもええ。個々の商品で勝ったらええんや」という時代だったわけです。これからの時代は、たねやのブランド価値を高めていく必要があります。

虎屋さんは黒のイメージなので、たねやは白でいこうと。基本のカラーを白に定めたうえで、季節によって、ちょっと青を入れたり赤を入れたりする。あるいは笹や竹の皮など自然素材を組み合わせてアレンジしたりする。それでもお客様には「白いから、たねややな」と直感的にわかるようにしたいのです。

包装紙や会社で使う封筒などについては、市松模様で統一しました。実はクラブハリエで二〇〇二年から使っているものなのですが、市松模様は和でもあるので、たねやでも使おうと。

デパートのストック場には限度があるので、どうしてもうちの商品はお客様の目に触れる場所に積み上げるしかない。場合によっては、階段のところに市松模様の段ボールが山積みになることもある。それを目にされたお客様に「中身はたねやかクラブハリエのどっちかやな」と意識していただきたい。

バームクーヘン専用包装紙は濃淡茶色の市松模様

まあ、大手企業なら当然の話なのでしょうが、菓子屋は小ロットで商品を作るので、そのぶん個々のパッケージに工夫ができる。工夫ができるぶん、これまで「たねやというブランドを売る」という発想になりにくかったわけです。

シンプルなネーミングにする理由

日本橋に出たあと、近江を意識したネーミングが増えていった話はしました。当時のたねやはまったく無名。差別化をはかるために、まったく正しいアプローチだったと思います。

でも、いまはなるべくシンプルなネーミングに置き換えていっています。どらやき、わらび餅、薯蕷饅頭、たねや饅頭、たねやあんみつ、たねや寒天、トマトゼリー……。父の時代は「たねやの饅頭ですよ」と言っても、「それ以前に、たねやって何屋やねん？」と返された時代です。何か説明しないといけなかった。

ぜんざいにしても、「朝炊きぜんざい」と、イメージが湧くようなネーミングが必要だったわけです。「ぜんざい」だけでは勝負できなかった。ふくみ天平にしても、当初はずっと「初伝手づくり最中　ふくみ天平」という名前で出していました。どんな最中なのか、その特徴を名前に入れ込んでいた。

幸い、いまはたねやの名前を知っていただけるようになった。ならば、たねやのブランドイメージのほうを高めていこうと。

たねや饅頭

小麦粉と山芋の生地でこしあんを包んだ小さな饅頭が「たねや饅頭」で、私の代になって売り始めたものです。こんなネーミング、かつては不可能でした。まず、たねやの説明をしないといけないし、次にどんな饅頭なのかを説明しないといけなかった。いまはこう思っていただける。

「ああ、あのたねやさんね。自分の名前を冠してるということは、自信のある饅頭なんやろな。どんなもんかわからんけど、一回食べてみよか」

仮にエルメスが自動車を発売することがあったとして、どんな自動車なのか説明はいらないと思います。世界一速いとか、コンパクトなのに収納が大きいとか、燃費がいいとか、そんな理由で買うわけではないからです。「エルメスの」自動車だから、みんな欲しがる。ブランドとはそういうものです。私たちも「たねやの」饅頭だから買ってみようか、と思ってほしい。

大切なのは、「たねやの」という冠だけで通用するブランドをいかに育てていくか。私の関心はそっちにあります。

入札には反対だった

私が変えたことはほかにもあるのですが、また第五章で説明することにして、「ラ コリーナ近江八幡」の話に移りましょう。

近江八幡の町の北に位置し、琵琶湖を望む八幡山は、鶴が羽根を広げた形に似ているので、鶴翼山《かくよくざん》とも呼ばれます。片方の翼のところにあるのが日牟禮ヴィレッジ、もう片方の翼のところにあるのがラ コリーナです。

町のはずれとはいえ、それでも日牟禮ヴィレッジは旧市街に属しています。一方、ラ コリーナは北之庄という、かなり辺鄙な場所にある。水郷があり、里山がある、自然豊かなエリアなのです。だからここに厚生年金休暇センター「ウェルサンピア」が作られたのでしょう。

二〇〇八年、売りに出されていたこの土地の競争入札に参加すると父から聞かされたとき、私をはじめ幹部は正直、驚きました。

もちろん里山を中心にした環境を守っていくことが、近江八幡への恩返しになるという考え方には賛同します。でも、日牟禮ヴィレッジのグランドオープンからまだ五年。ようやく軌道に乗ったばかりだったからです。

せっかく父が憧れていた宮内町に店をもてた。当初の閑散ぶりが嘘のように、人が押しかけてくるようになった。日牟禮八幡宮への参拝者も増えた。どうせお金をつかうなら、宮内町の敷地をさらに広げるとか、整備をかけるとか、そちらに集中すべきではないか、というのが私の意見でした。

ウェルサンピア跡地の面積は三万五千坪。甲子園球場三つぶんという広大さです。「こんな広い土地、どうすんねん」というのが、正直な感想。

でも、リーダーは父です。結局、近江八幡市長と一緒に厚生労働省へ足を運んだのは私でした。競売には勝ったものの、二十三億円は菓子屋には大きすぎる金額です。失敗したら会社が傾きかねない。この土地をどう生かすべきなのか、そこから先は慎重にならざるをえませんでした。

実は翌年秋には、早くも第一弾の「たねやグループ北之庄計画」なるものをメディアに発表しています。その後も設計会社と打ち合わせを重ねましたが、どうもしっくりこない。お菓子の館を作ろうとか、バームクーヘン工場を建てて「バームクーヘン王国」にしようとか、菓子作りを体験できる場にしようとか……。

何がどう違うのか、はっきり説明できません。でも、自分たちが目指したいものとは明らかに違った。和菓子ゾーンと洋菓子ゾーンを分けたからって、何がお客様に伝わるというのか？　「三方よし」どころか、売り手の話ばっかりしていないか？

厚生年金休暇センターはハコモノ中心の発想でした。いまの計画案は、それに近づいていないだろうか？　正直、「このままではヤバイなあ」という気持ちが強かった。結局、二〇一一年、私が社長になったところで数億円という高いキャンセル料を払って、いったんご破算にしてしまいました。

マンションが建つんじゃないか？

私たちが迷走しているあいだ、いちばん心配されたのは地元の方々です。普通に考えて、菓子屋の店舗にこんな広大な土地が必要なはずはない。土地の一部を別の会社に転売して、そこに高層マンションが立つんだ。いやいや、パチンコ屋ができるんだ。そんな噂が乱れ飛びました。

実際、菓子屋が少し儲かると、土地を買ってゴルフ場を経営したり、ホテルを作ったりする例が少なくないのです。飲み屋を経営するとか、なぜか本業以外の分野に進出したがる。実際、私どもにも「土地の半分を売ってくれ」と、マンションのデベロッパーから連絡がありました。

私たちはそんなことをするつもりで、この土地を買ったわけではありません。現地の町内会を訪ねて「菓子屋しかやりません」とご説明するのですが、なかなか安心していただけない。私たちにもぼんやりとしたイメージはありました。いまの言葉にすると「自然に学ぶ」ということです。しかし、当時は言語化する力もなかったし、そもそも完成形のイメージがはっきり見えていなかった。

まあ、土地を買ったまま何年間も放置されれば、不安にならないほうが不思議かもしれません。それでは、当時の私たちはいったい何をやっていたのか？　ひとつは、木を植えていました。もうひとつは、人に会っていました。

まずウェルサンピアの施設をすべて撤去しました。ホテルやレストランがあるといって

八幡山を借景に広大な敷地のラ コリーナ

中央右の更地がラ コリーナ。八幡山の奥が琵琶湖

も、水回りがダメになっていたり、空調が壊れていたり、耐震上の問題があったりで、とても使える状態ではなかった。仮に使える状態だったとしても、もはやハコモノの時代ではありませんから、私たちには必要ありません。舗装も含め、すべての人工物を取り除きました。

次に八幡山に登ってドングリを拾った。昔から地元にある木々を育てるためです。いまでこそボランティアの人にも来ていただいていますが、最初はスタッフだけ。素人集団だから大変でした。ドングリを拾ってきて土にまいても、全然、芽が出てこない。まずはポットにドングリをまいて、芽が出た苗を地面に植えるのだ、ということすら知らなかった。そんなところからのスタートでした。

目標は十万ポット。まだ三万ポットしか到達していないので、先は長い。でも、ラ コリーナにグランドオープンは必要ないと考えているのです。普通の施設であれば、オープンする日が完成形で、そのために巨木をどこかから移植したりする。でも、ここでのオープンはスタート地点です。そこから物語が始まるのであって、五十年百年かけて森が育つ姿を見ていただくことに意味があるのだと考えています。気の遠くなる作業ではあるのですが、少しずつでも着実に歩いていれば、前に進みます。日々の歩みの幅が小さくともイライラしない。これは近江商人から受け継いだ知恵だと思います。

借景となる八幡山の整備も始めました。里山は人の手が入ってこそ美しいのですが、誰も使わなくなると荒れ放題になる。八幡山も竹だらけで昼でも暗く、幽霊でも出てきそうな感じでした。八幡山はうちの土地ではないのですが、周囲の環境を整えることも大切だと考え、ボランティアで竹を剪りました。

こうして地域がきれいになっていくと、徐々に近隣住民の方の表情もやわらいでいきます。「憩いの場がなくなる」と猛反対されていた方も、逆に憩いの場が増えるのを見て納得されたのでしょう。

ラ コリーナが生まれた瞬間

人に会うほうは、建築家や設計士に限らず、いろんな分野の方からお話を伺いました。ちょっとでも面白そうな人がいたら会いに行く。持続可能な社会のあり方を研究している方、あるべき経営のあり方を研究している方、昆虫の研究をしている方、ロボットやＡＩの研究をしている方……、いろんな大学の先生に会いました。

これからの社会はどう変わるのか。うちの会社はどこを目指していくべきなのか。自分たちがぼんやりイメージしていることを言語化したかったのだと思います。ウェルサンピア跡地を買ったのが二〇〇八年。ラ コリーナのメインショップがオープンしたのが二〇一五年ですから、七年もかかっています。そのうち半分以上は、こうした「人と会って考える」時間でした。

あとから振り返ると、ここでちょっと辛抱して、北之庄プロジェクトと間合いをとれたのがよかった。もし焦って「少しでも早く遊休資産を効率的に生かそう」などと発想していたら、ラ コリーナ構想は生まれていなかったでしょう。ここで時間をかけて悩んだぶん、イメージが像を結んでからの展開が早かった。

この時期に出会った一人にミケーレ・デ・ルッキさんがいます。イタリアを代表する建築家・デザイナーですが、私は「有名だから」という方向から興味をもつタイプではなく、純粋に彼のデザインした小物を日本で見かけて気に入っていた。

二〇一一年にイタリアのワイナリーを視察したとき、ルッキさんが時間をとってくださるというので、ミラノまで出かけました。彼の設計事務所は元銀行の建物を改修したもので、古いエレベーターを部屋にしていたり、割れたタイルもそのまま上手に再利用していたり、とにかく格好良かった。

プライベートオフィスも見せてくださるというので案内されたのが、ミラノ郊外の小さな町。琵琶湖を思い出させる湖畔から、少し山に入ったところにありました。古い町並みをそのまま残していて、電信柱は一本もない。とにかく美しかった。

何より気に入ったのは、古い建物は古いままだし、雑草が生えていてもそのままにしてあること。オフィスには昔の子供のおもちゃとか、ソニーの古いブラウン管テレビとか、自分の好きなものを飾ってあります。それでいて足場板を天井にめぐらし、ペンダントライトを吊るすような工夫もある。

古いからといって、新しいものに置き換えるのじゃない。古いものをそのまま残しつつ、それが生きるよう、新しいものを付け加える。素朴でありながらも、計算しつくされているお洒落な空間です。「これだっ！」と思って、北之庄のプロジェクトに協力してくださるよう頼みました。

ただ、ルッキさんはものすごく忙しい人なので、設計は事務所のスタッフの方に担当していただくしかない。何度か打ち合わせして、図面ももらったのですが、しっくりくるものが出てこなかった。敷地全体を大きな建物で覆うようなプランだったのです。それはそ

ルッキさんのスケッチとロゴになった「La Collina」

れで素敵な図面だったのですが、私たちは自然を感じられるものが作りたい。折り合いがつかず、結局、これもご破算になりました。

二〇一二年三月、ルッキさんに近江八幡までお越しいただいたことがあります。まだ何もない風景をスケッチし、その紙にサラサラッと横文字を書かれた。そして一言。「ラ　コリーナ」。ラ　コリーナの意味を訪ねると、丘だといいます。なんともスーッと心に沁み入ってきたので、これが施設名となりました（このときルッキさんが書いた文字が、現在もロゴとして使われています）。

その後の話ですが、建物を建てるために土地の造成をするとき、どうしても大量の土が出ます。でも、これを敷地の外に捨てたくない。そこで、あえて敷地のなかに積み上げて、たくさんの丘（ラ　コリーナ）を作るようにしました。山あり谷ありの「歩きにくい地形」をあえて作る。どうせなら川も作ってしまおう。そうした発想は、ルッキさんの一言から生まれてきたといえます。

トタンのほうが格好いい

広大な敷地を手に入れてから、ここまでで四年のロス。ところが、二〇一二年の秋に藤森照信先生に出会ってからはとんとん拍子に進みました。私たちのぼんやりしたイメージが、急に明確な輪郭線を結び出した。

私が説明するまでもないですが、藤森先生は日本を代表する建築史家・建築家で、路上観察学会の活動でも有名です。たまたま弟の家を設計していただいたのですが、すごく面白い建物なので、一度、本人に会ってみたいと。

先生にお会いして「あ、この人だ!」と確信したのは、まずこんなことをおっしゃったからです。

「やっぱり本物を使わないとダメなんですよ。張りぼてで偽物を作るぐらいだったら、トタンを使うほうが格好いい」

工業製品だって、年月をへて風化すると、独特の風味が出て自然に近づく。その最たるものがトタンだ——。これが先生の持論。安っぽいからと敬遠されるトタンが、長い目で見ればもっとも自然に近い効果を上げる。

レンガを使いたいのであれば、本物のレンガを積むべき。漆喰を使いたいのであれば、本物の漆喰を塗るべき。レンガ風タイルを使うとか、漆喰風クロスを貼るとかいうのでは、長い目で見たとき、明らかに差が出てくる。そんな偽物を使うぐらいなら、トタンを選ぶべきなんだ、そう説明されました。

本物、自然に学ぶという著者の想いが込められた「ラ コリーナ近江八幡」

このとき私の心にズドンときたのは、「本物」という言葉なのです。たねやにとって本物というのがずっと最大のキーワードだったからです。父も私も「ナニナニ風」が大嫌いで、本物にこだわってきました。

父が仕事を始めた頃、菓子の世界には偽物が氾濫していました。例えば、くず粉が少し入っただけで「くず切り」を名乗る商品が多かった（表記がうるさくなった現在でも、「くず切り風」なる商品が溢れています）。くず切りというからには、ちゃんとくず粉で作らないといけない。これが父のこだわりでした。

柏餅なら、必ず餅を伸ばすひと手間を加えてから包餡する。兜の形に似せたのが本来の形であり、だからこそこどもの日に食べられるのです。花びら餅なら、色粉でサッと赤い色をつけたものが溢れていますが、うちでは紅色の菱餅をちゃんと中に入れています。もちろん花びら餅の場合は何が本物か確定しにくい部分はあるのですが、それでも伝統に近づけるよう工夫してある。

偽物でも売れる時代のなかで、できるだけ伝統に近いもの、本物を売ろうという方針をとったのは、業界のなかでも早かった。

無菌状態で作る水羊羹に「本生水羊羹」とネーミングしたのは、紫色のあんこそ本物なのだ、という思いがあるからです。世の中の人は黒っぽい茶色があんこの色だと思い込んでいますが、それは本物じゃない、と訴えたかった。

バームクーヘンが「ドイツのものと違う。偽物や」と批判されたときも、私たちはこう答えていました。私たちは「ドイツ風」を目指していません。これが「本物の」近江八幡のバームクーヘンなのですと。

歴史のスタート地点になればいい

そんなわけで、菓子作りの「本物志向」に妥協はなかったのですが、そうはいっても一介の菓子屋ですから、資金力がない。店舗作りは妥協の連続でした。

例えば、いちばん最初の八日市店。近江八幡の家もすべて売って乗り込みましたが、それでも手元資金は知れている。もともと日曜大工センターだったので、建物は残したまま上から板を打ち付け、白や緑のペンキを塗って洋風に仕立てていました。ブドウをモチーフにしたパッケージにしたり、なんとなく西洋を感じさせるイメージにした。ボン・ハリエという名前同様、「西洋風」だったわけです。

それが偽物だという自覚はあったし、父にも忸怩たる思いがあったでしょう。でも、それが当時のたねやの限界でした。

その後、店舗作りにお金をかけられるようになりましたが、まだ満足いかない部分はありました。

「西洋風」だった旧八日市店

オープン間もない日牟禮ヴィレッジだって、反省点がないとはいえません。日牟禮乃舎は町屋作りの本格的な和風建築で、屋根には近江八幡伝統の「八幡瓦」をのせています。ただ、この八幡瓦、いま現在、近江八幡で作っているところは一軒もないのです。現在と切り離されたものを再現しても「近江八幡風」でしかないのではないか、という思いが私にはありました。

クラブハリエ日牟禮館のほうも、たしかに旧忠田兵造邸のほうは本物なのです。でも、その周囲、私たちが付け足した部分は、予算の問題でレンガ風のタイルを貼っていました。これは「ヴォーリズ風」ではないのか？

資金がないことは仕方がない。でも、本物のレンガを積めないのであれば、レンガをあきらめるべきなのです。日牟禮のときはヴォーリズ建築を再現することが目的だったので、仕方のない面もあります。でも、これから先は、もっと違うやり方を考えるべきではないのか？

そんな問題意識をもっていたので、藤森先生の「偽物を使うぐらいだったらやめたほうがいい」という言葉が胸に響いたわけです。

トタンでも、時間をきざむとともに風味が増す。遠い将来は本物になる。ならば、五十年先百年先の人が楽しめるよう、自分が歴史のスタート地点になればいいわけです。オープンの時点で完成形でなくてもいい。将来、完成するようなものを作る。発想がここで大きく変わりました。

しかも、「どこかにあるものの真似＝ナントカ風」ではなく、「ここにしかないもの＝本物」を作らなければいけない。先生との対話のなかで、私たちのイメージも徐々に言語化されていきました。

なにしろ先生は「どこかに似たものがあれば、途中でもやめる」とおっしゃいます。世界のどこにもない建築物を作るのが自分の使命だと。まさに私たちが求めているものにピッタリの建築家だったわけです。

近江八幡の原風景を取り戻すだけでなく、そこに新しい要素を付け加える。いまは奇異なものに見えたとしても、それが本物であるかぎり、百年後二百年後には歴史になっている。そう確信しました。

そういう意味で、私の代になってから本物へのこだわりはより強まりました。

雑草をとりに河川敷へ

先生が鉛筆でサラサラと描かれたデッサンには、八幡山が借景として取り込まれていました。「やっぱりこれが必要なんだよ」と。すでに私たちはドングリを拾い、八幡山の整備を始めていました。この風景とともにあるのが自分たちの生き方だ、というところまでは到達していたので、このデッサンがしっくりきた。

大きなメインショップの屋根には、一面に草が生えています。先生はのちに「こんなアイデア、普通の経営者なら受け付けない。却下されると思ってた」と回想されていますが、それこそ私たちの求めていたものなのですから、一発ＯＫです。

それより、私たちがこの四〜五年、漠然と考えていたことを、次々と具体的な形にしてくださるので、「もうお好きなようにしてください」というところ。反対したのは、先生が「バームマン（バームクーヘンが人間の形になったもの）の像を立てよう」と言い出されたときぐらい。このときは先生も「そうだよねえ。やっぱりおかしいよなあ」と笑っておられました。

私たちが「雑草って本当にいいですよね」と話すと、即座に「ああいう世の中に嫌われている存在を美しく見せる方法を考えましょう」と返ってくる。しばらくして、スタッフを動員して河川敷まで雑草採集に出かけました。そしてラ コリーナに移植した。

和菓子でも洋菓子でも、もっとも菓子に関係の深い木が栗です。栗の木をいっぱい使いましょうという話になって、先生と一緒に岐阜県と長野県の県境まで出かけました。地元の方から「このへんの木は自由に使っていい」と言われていたので、マーキングしにいったわけです。

さすがの先生も原生林に入ると、どれが栗の木か見分けるのに苦労されていました。プロの建築家でも難しいのですね。やはり現場に行くと、何かしら発見があるものです。私も最初は「こんなことまでしなあかんのか」とあきれ気味でしたが、わざわざ山に入ってよかったと思いました。

チョイスしたのは藤森ワールド全開の曲がりくねった木ばかりで、現地の方も驚いておられました。全部で千本以上あります。こうした栗の木はカステラショップ「栗百本」や、カフェの椅子など、各所でふんだんに使われています。

メインショップの天井には、声の反響をおさえ、消音効果のある炭が貼られています。自分たちで貼りつけたものです。トイレは黒い板壁になっていますが、ここで使われている焼き杉も、自分たちで焼いたものです。外壁の土壁だって自分たちで塗りました。本社棟の屋根に使われている銅板は、自分たちで叩いて曲げましたし、メインショップの草屋根づくりにも携わりました。もちろん、プロのご指導をいただきながらですが。

曲がりくねった栗の木を生かしたカステラカフェ

普通はプロに丸投げで、一〜二週間に一回、確認に行くぐらいでしょう。自分が塗った壁だと思えば思い入れも深くなります。スタッフの子供がドングリの苗を植えれば、子供の成長とともに大きくなる木をながめられる。そういうことが大事なのだと思っています。作業はまだまだ続きますが、たいへん貴重な体験をさせていただいています。

さらに言えば、こんな楽しい体験を私たちだけで独占しておくのは申し訳ない。例えばお客様自身に木を植えていただいたら、その人たちにとっても、ここが思い入れのある「特別な場所」に変わります。そんな取り組みを始めようとしています。

すべてを自分でやる

実は、すべてを自分の手でやるというのは、たねやの伝統です。アウトソーシングの時代に、アウトソーシングを避けている。コンサルタントに頼らない。デパートの店員に委託販売を頼むのでなく、自分自身で売る。お客様の声をダイレクトに受け止めるためです。だから、業界でも異例の二千人という大所帯になっているわけです。

まだメインショップもオープンしていない頃、いちばん最初にラ コリーナに移ってきたのは農業関連の部署でした。ドングリを拾ったり、竹林を整備したりという作業は、彼らを中心に社員も協力しておこなわれたわけです。京都大学・地球環境学堂の小林広英先生のアドバイスをいただきながらですが。

ラ コリーナにある農業関連の部署は三つ。田んぼや畑で農作物を作る「北之庄菜園」。ラ コリーナの植栽を担当する「ラ コリーナ近江八幡造園」。全国の店舗に飾る山野草を育てる「愛四季苑《はしきえん》」。合計で三十人近くいます（ちょっと離れた永源寺でヨモギを無農薬栽培してい

日本橋三越店に飾る山野草も愛四季苑で育てる

る「永源寺農園」まで含めると五十人を超えています）。

愛四季苑で育てる山野草は五百種類以上。これを毎週一回、全国の店舗に発送しています。菓子だけでなく店舗からも季節を感じてほしい。山野草の栽培まで自前でやっている菓子屋はうちぐらいです。

いずれにせよ、普通の会社ならアウトソーシングする部分も、自分たちでやっている。あんこ炊きから商品パッケージのデザイン、店のディスプレー……お客様の手に渡るまでのすべてが菓子屋の仕事だと考えているからです。

家族経営の時代には、父が商品を開発し、父が朝から商品を作り、父のデザインした包装紙で包み、午後は父が配達して、夜に請求書を書いたりしていました。お客様の意見を伺うことで、それがまた商品にフィードバックされる。一から十まですべてをやるのが菓子屋であって、その精神を忘れてはいけない。

自分たちの手でラ　コリーナを作り上げるというのも、そうした流れの一環なのです。ただし、絶対に本業からは離れない。「ここにホテルがあったら最高なのに。ホテルもやって

ください よ」と言われることが多いのですが、私たち自身が菓子屋以外の業務に手を出すことはありません。

ホタルの光では負けない

ラ コリーナにグランドオープンはない。何百年もかけて成長を続ける場所にする——。それが私の考え方ですから、まだ第一ステージが終わったぐらいの感じでいます。私の構想では三分の一も終わっていない。

ラ コリーナの中心部、田んぼのまわりにメインショップやカステラショップ、本社棟などが立ち並ぶエリアは藤森先生のデザインですが、それ以外のエリアについては、また趣向を変えたことをやるつもりです。

例えば、重野国彦さんにお願いして、「Bosco《ボスコ》 Della《デッラ》 Memoria《メモリア》（記念の森）」という森を育てています。重野さんはランドスケープの専門家で、北海道の「十勝千年の森」を手がけた方です。いまは北海道に住まれていますが、もとは安土町の出身。「故郷に恩返しがしたい」と、まるで近江商人のようなことをおっしゃって、このコラボが実現しました。

この森では、企業や個人の賛同者に木を植えていただく。苔ひとつ育てるのでも、もの

学生も参加しておこなった田植え

すごい時間がかかるのですが、これから徐々に重野ワールドも広がっていきます。

いずれ大きく育った森では、オーガニック野菜のフリーマーケットをやりたい。小さな店もたくさん作るつもりです。アイスクリーム屋でもチョコレート屋でもケーキ屋でも何でもいい。森があまりに深いので、なかなか店が見つけられない。「今回は無理だったけど、今度来たときは、絶対見つけようね」みたいな展開が理想です。

買い物をすることより、森で遊ぶことが目的になるような施設。すでにラ コリーナの田んぼでは、小学生に米作りを体験してもらう田んぼの学習を始めています。こうなると、もう菓子屋の店舗という概念を超えています。

森の中には保育園も作りたい。建物が小さいから、ほとんど外で遊ばないといけない。雨の日は濡れるし、雪の日は寒い。でも、そこから自然を感じ取れる。まさに「自然に学ぶ」保育園です。

近い将来は小川を作って、ホタルを呼びます。滋賀県にはまだホタルが自生する土地がいっぱいあるので、環境さえ整えば、やってきてくれる。トンボだって同じです。滋賀県では百種類を超えるトンボが確認されています。こんなに種類がいるのは、全国でも五都県しかないそうです。

こういうアイデアを出し合ってワクワクすることに、お金はかかりません。どんどんやればいい。弟と常務、藤森先生と一緒にラ コリーナ構想会議をやるのですが、気づけば百年先の話をしていることも多い。

ネオンの数では東京に勝てません。でも、ホタルの光なら圧倒的に勝てる。そもそも東京でこんな広大な土地を手に入れること自体難しい。日本橋に出店してから三十年。ようやくたどり着いた「私たちにしかできないこと」がこれです。田舎には田舎の闘い方があるのだと思います。

ちなみにラ コリーナの敷地に関しても、世の中から一時的にお預かりしているだけだと、私たちは考えています。自分の会社のためだけじゃない、地域の皆さん全員のものだという意識があるから、菓子屋には分不相応な投資ができているのだと思います。自分のためだけだったら、足がすくむかもしれません。

第四章　「三方よし」をどう生きるか

三つの城跡

近江八幡市には有名な城跡が三つあります。

まずは観音寺城。近江の国を四百年にわたって支配した守護大名が六角氏（佐々木氏）。その六角氏が観音寺山に築いた城です。その城下では、日本で初めて楽市が施行されたといわれます。

六角氏が織田信長に滅ぼされたあと、信長は観音寺山の隣にある安土山に城を作ります。誰もが知る安土城です。この城下でも楽市楽座はおこなわれた。

そして信長が倒れたあと、豊臣秀吉は甥の秀次（のちの関白）に新しい城を作らせます。観音寺山・安土山とは西の湖をはさんだところに位置する八幡山に築かれたのが、八幡山城です。この城下でも、楽市楽座はおこなわれた。つまり、この地は古くから商業の盛んな土地だったのです。

日本の大動脈である東海道と東山道（中山道）は、日本橋をスタートしてそれぞれ西へ進みますが、再び合流するのが近江です。伊勢方面に向かう道は東海道以外にもあります。日本海方面へ抜ける北国街道や若狭街道も通っています。何より京都にものすごく近い。近江は日本の陸上交通の要衝だったわけです。たくさんの商人が出てくるのも当然と言えます。

他国で商いする者だけが近江商人と呼ばれると説明しました。そういう意味で、近江商人の登場には、他国と安全に行き来できる環境が必要でした。乱世には難しい。もちろん中世にも百人ものキャラバンを組んで護衛をつけ、他国と行き来する商人はいたのですが、ごく少数。個人が天秤棒をかついで他国に行けるようになったのは、平和な江戸時代が到来してからなのです。

天秤棒を担いだ近江商人の行商姿
（滋賀大学経済学部附属史料館所蔵）

太閤検地でもっとも石高が多かったのは陸奥国ですが、いまの青森県、岩手県、宮城県、福島県を合わせた面積なのだから、当然です。二位が近江国の七十八万石で、三位の武蔵国の六十七万石を大きく引き離しています。要は、穀倉地帯で、日本でもっとも豊かな土地だったわけです。

しかし、大藩と呼べるのは彦根藩ぐらいで、あとは幕府、旗本、諸藩、公家、社寺などの領地に細分化されていました。百から二百もの領地があったそうですが、当然ひとつひとつはすごく小さい。

江戸時代は自給自足が基本で、農民は土地に縛りつけられていましたが、こうした小さな飛び地では、とうてい自給自足なんか無理です。本領とのあいだを行き来して、物資を調達する必要がある。そうした人のなかから全国をまたにかける近江商人が生まれた、というのがだいたいの研究者の見立てのようです。

近江八幡は天領でしたから、本領は江戸や徳川家の領地になります。だから徳川幕府ができた頃から江戸に店をかまえる商人たちがいたわけです。

おせち料理は近江商人が作った

まえがきで「江戸時代に『三方よし』なる言葉はなかった」と書きました。実は、「近江商人」という呼び方も同様です。「近江の商人《あきんど》」あるいは「江州《ごうしゅう》商人」と呼ぶのが一般的だったと思います。滋賀県はいまでも米どころとして有名ですが、父の時代は「江州米」と呼ばれていた。「近江米」とすら呼ばれていなかったのです。

現代人は「近江商人」とひとくくりにするので、まるでひとつのグループだったかのように誤解されがちです。しかし、その実態は、「近江からやってきた、さまざまな商人たち」だった。江戸時代の人たちが「近江の商人」という言葉を使うとき、そんなイメージでとらえていたことを忘れてはいけません。

一口に近江商人といっても、いろんなグループに分かれており、出身地も、活躍した場所や時代もさまざまです。おおざっぱにいえば、琵琶湖西岸の高島商人、近江八幡を中心とした八幡《はちまん》商人、日野を中心とした日野《ひの》商人、五個荘《ごかしょう》などを中心とした湖東《ことう》商人に分かれます。

他国へ運んだ物産もさまざまで、高島商人なら綿縮、八幡商人なら畳表と蚊帳、日野商人なら塗椀、湖東商人なら麻布。こうした近江の特産品を運んで、帰りに現地の物産を持ち帰る。行きも帰りも荷物を運ぶので「のこぎり商い」と言われました。

なかでも八幡商人と日野商人の勢いは強く、「八幡の大店《おおだな》、日野の千両店《せんりょうだな》」とならび称されました。八幡商人は江戸の町が開いた頃から、日本橋に大きな店をかまえた。一方、日野商人は千両もたまれば、すぐに次の店を出す。小さな店のネットワークを作っていくのが特徴です。

八幡商人にはベトナムまで交易に出かけたり、蝦夷地に交易に出かけたりする人もいました。蝦夷地・松前における交易の九割は近江商人が仕切っていたそうですが、その中心にいたのが八幡商人なのです。

昆布巻き、新巻鮭、数の子、棒鱈、身欠きニシン……。いまやおせち料理で当たり前のように使われていますが、八幡商人が蝦夷地から持ち帰るまでは、そんなものは存在しませんでした。冷凍技術のない時代ですから、乾燥させたり、塩漬けにしたり、保存方法を工夫した。こうした食べ物は八幡商人の発明品なのです。

漁場の開発や漁具の改良もおこなったので、蝦夷地の漁業は盛んになった。特にニシンは肥料にもなるので、全国の農地で買い求められました。

当時の蝦夷地では物資が乏しく、米は作れませんから、八幡商人は米や古着といった日用品を運び込みました。そこで必要とされるものを商う。そして、現地の特産品を持ち帰るわけですが、蝦夷地のようにまだ産業化が進んでいない場合は、自ら産業を育てたのです。

いま現在、北海道に「近江商人」なる人は住んでいません。しかし、こうした名産品は残り、北海道名物に育っています。私はこれこそ典型的な近江商人道だと思っています。地場産業を育て、その地域を活性化する。自分が儲けることだけを考えない。現地の人に何かを残そうとするし、自分の出身地にも還元しようとする。

「近江泥棒」とか「近江商人の通ったあとはペンペン草も生えない」なんて批判的な言葉も耳にしますが、近江商人の大半は人をだますような商売をしていないはずです。なぜなら、そんな商売をすれば事業が長続きしないからです。薄利多売でやる以上、長期的な取引を前提にしなければ利益が出ません。自分が豊かになると同時に相手も豊かになるのでなければ、長い取引が成立しないのです。

父からもよく「八幡商人が天井のない蚊帳を売ったとか言うけど、そんなアホなことするはずないやろ。商人ゆうのは、そんな短いスパンでものを考えんのや」と聞かされました。私もまったく同感です。

見知らぬ土地に行くのですから、信用など何もない。ならば、その家の手伝いをしたり、何か問題を抱えていたら手助けする。まずは自分を信用してもらうことからのスタートです。商品を売って儲けるのは、もっともっと先の話。彼らには「先義《せんぎ》後利《こうり》」しか選択肢はなかったのです。

「三方よし」とする必要性にかられた

近江商人の代名詞は「売り手よし、買い手よし、世間よし」の「三方よし」。売買する双方が満足する方向にもっていくのは当然でしょう。この言葉が注目を浴びるのは、売買に関係のない人たち（世間）の利益まで考えるという部分だと思います。でも私には、それほど特別なことを言っているようには思えないのです。

例えば、ウィリアム・メレル・ヴォーリズさん。戦前の代表的な建築家で、同志社大学や関西学院大学といった学校、大阪の心斎橋大丸や東京の山の上ホテルなど、全国各地に作品が残っています。

アメリカで生まれ、英語教師として来日し、近江八幡を拠点に活躍しました。メンソレータムで有名な近江兄弟社を作ったのもヴォーリズさんです。彼の事業は社会奉仕の理念につらぬかれていて、まさに「三方よし」ではないかと感じるときがあります。だからこそ彼は「青い目の近江商人」と呼ばれたのです。

あるいは、いま日本企業が外国でビジネスをするとき、必ず現地社会に還元することを考えます。現地の学校に寄付するような活動は普通におこなわれています。これだって「三方よし」でしょう。知らない土地で現地の人と長期的な関係を結びたければ、必然的に同じところにたどり着くのだと思います。

他国で商いする以上、近江商人は基本的に「他所者《よそもの》」です。誰もが最初は天秤棒一本からのスタート。一人で知り合いのいない土地に入り込めば、身の危険を感じることもあったでしょう。ビジネス相手と自分さえよければ、それ以外の人はどうでもいいなんて発想が出てきようにありません。世間よしを考えないほうが不自然です。

重い荷物を遠くまで運んできたのに、何軒回っても売れない。それでも「ほな、またのご縁によろしゅうお願いします」と笑顔で去っていくのが近江商人。将来、そのなかから買い手が現れるかもしれないのだから、当然です。「買い手じゃない人（世間）は俺とは関係ない」なんて考えるはずがない。

つまり、「世間よし」自体にオリジナリティがあったというより、日本でもっとも早くそれをやったのが近江商人ではなかったかと思うのです。人々が土地に縛りつけられていた時代、全国を飛び回っていた近江商人が「最初に世間よしとする必要性に迫られた」のではないでしょうか。

私たち自身、日本橋に出店したとき、最初にやったことは挨拶でした。他店の店員に会ったら、必ずこちらから声をかけることを徹底した。他所者という自覚があるから謙虚になれるのです。他店の店員はライバルであって、商品を売る相手ではありません。でも、仲良くやっていこうと発想するほうが自然です。

日野商人や八幡商人には、中山道でつながった北関東へ進出する人が多かった。そのひとつで、武蔵国秩父で酒造業や小売業をやっていた矢尾家には「自分たちが他所者であることを忘れるな」という家訓があるそうです。百年たっても自分たちは土地の人間ではないから、より品行方正でいないといけない。

地元の人から愛されるよう、飢饉のときは貧民に米を贈るし、借金の無理な取り立てをやることもない。その結果、明治に入って秩父困民党の蜂起があったとき、この店だけが打ち壊しを免れました。打ち壊しの対象になったのは、むしろ地元の商人たちのほうでした。

飢饉で自分だけが生き残ったとしても、商いする相手が誰もいなくなったのでは意味がない。苦しいときにみんなを助けるのは、長い目で見れば自分のためにもなります。「三方よし」は長く商いを続ける知恵であると同時に、自分の身を守る知恵でもあったのではないでしょうか。

自分一代だけではあかん

「三方よし」は商いをしていれば当たり前の話なので、それ自体を云々しても始まらない。大切なのは、それを実行できるかどうかのほうだ――。これが私の考え方です。

だから、近江商人の歴史を振り返ることより、いかにその精神を現代に生かすか、ということのほうに意識が向かいます。もちろん歴史を学ぶ意味は大きいのですが、学んで終わりでは意味がない。いま近江商人というキーワードを持ち出すのであれば、「その精神をどう生きるか」が問われないといけない。

近江商人は五十歳ぐらいになれば半隠居して、故郷に戻って悠々自適な生活を送るのを理想としていました。近江八幡なら新町《しんまち》通りに、そうした豪商たちの住宅が残っています（西川利右衛門や伴庄右衛門の邸宅は公開されています）。

ところが、近江八幡にも五個荘にも日野にも、いわゆる老舗の料亭がまったく存在しません。全国的に有名なものだと、八日市の「招福楼」ぐらいでしょうか。資産はできても、生活は質素倹約だったことがわかります（この伝統がいまでも残っているのか、夜に会食できる店が少なく、経済団体の会合のときなど苦労します）。

では、彼らはどこにお金を使ったのか？　地域のためです。橋をかけた人もいれば、山に木を植えた人もいれば、道を整備した人もいる。学校を作ったり、町に常夜灯を立てた人もいます。

有名なところだと、日野商人の中井正治右衛門。彼は三千両もの私財を投じて瀬田唐橋《せたのからはし》のかけかえをやりました。工事自体は千両で済むのです。残りの二千両は何かというと、それを利殖することで将来のかけかえの原資にした。永遠に瀬田唐橋を残そうとするなんて、どこまで長期的な目線で見ているのかと驚きます。

五個荘商人の塚本定右衛門定次は総合繊維商社ツカモトコーポレーションの基礎を作った人物ですが、治水・治山に力を尽くしました。乱伐のせいで琵琶湖周辺にははげ山が多く、豪雨のときに洪水を起こす原因になっていた。そこで、各地の山に木を植えたのです。滋賀県だけでなく、山梨県の植林にも協力しています。

木が育つには時間がかかります。森が育った姿を見られないことについて、塚本定右衛門は「たとえ自分が一生のうちに見ることができないといっても、その辺は少しもかまいません。私はいまから五十年先の仕事をしておくつもりです」と語っています。これを聞いた勝海舟は「かような人が今日の世に幾人あろうか」と激賞しています。

近江商人には神社仏閣に寄進した人もいます。滋賀県には神社仏閣がものすごく多い。

十万人当たりの寺院数でいうと、堂々の全国一位です。古くからの神社仏閣がこれだけ残っているのも、彼らの寄進が小さくない影響を与えているはずです。

私たちがラ コリーナに木を植え、近江八幡の原風景を取り戻そうとしているのも、同じことです。滋賀県の外に出ている人が帰省されたとき、「不思議な建物もあるけど、なんか懐かしいなあ。ほっこりするなあ」と感じていただける風景を目指している。だからラ コリーナに限ってはモミの木のクリスマスツリーを置きません。地元に昔からある木々だけが見えるようにしたい。

いまこうやって必死にドングリを植えても、森が育つには時間がかかります。明治神宮のような深い森になったところを、私が見ることはないでしょう。でも、私がやるべきことなのです。

小さい頃からずっと父に言われ続けてきたのは「自分一代でええと思ったらあかん」。次の世代のことも、その次の世代のことも考えて行動しろと。こういう視点の長さこそ、先人たちから受け継いできた近江商人の知恵だと思います。

近江の野菜はオーガニック

地域に還元するということで言えば、たねやは京都大学と組んだ活動もおこなっています。森里海連環学教育研究ユニットの分校をラ コリーナに置いているのです。

琵琶湖の汚染はずいぶん前から問題になっていますが、なかなかきれいにならない。そこで森を育て、里ではきれいな水を流す工夫をして、琵琶湖を浄化しようと。森と里と琵琶湖の関係を考える研究です。

西の湖でのヨシの刈り取り

一月二月になれば、琵琶湖の内湖である西の湖で、ヨシの刈り取りもやっています。ヨシは水を浄化する植物ですが、枯れたものを冬場に刈り取ってやるほうが、夏場によく育つ。かつては村が総出で刈ったのでしょうが、いまは放置されている。そこで、うちの社員や経済団体の経営者たちに声をかけて刈り取っているのです。
里から琵琶湖に流れ込む水をきれいにするということのなかには、農薬の排除も含まれます。実はたねやは早くからオーガニック栽培に取り組んでいるのです。
一九九八年ですから、まだ私が常務だった時代です。父は永源寺（現・東近江市）に農園を作ってヨモギの無農薬栽培に取り組みました。それまでは中国産を使っていたのですが、現地でマスクをして大量の農薬をまいていると知り、取引をやめた。

愛知川の河川敷でとってきたヨモギの根を農園に植える。どこにでも育つ「雑草」だというのに、いざ育てようとすると発芽率は五〇パーセントにもなりません。しかも、菓子に使えるものとなると、さらに条件は厳しくなります。

除草剤を使いませんから、夏場の雑草とりは地獄です。殺虫剤を使わないのでアブラムシの被害が出て、江戸時代の文献から安全な駆除方法を見つけたりもしました。それでも最終的に無農薬栽培は成功し、たねやで使うすべてのヨモギを確保することになりました。年間七トンもの量です。

まだ世の中では「食の安全・安心」を騒いでいない時代ですから、かなり早かったと思います。「勝手に無農薬栽培をやられたら、虫がわいてうちの田畑に飛んでくるやないか!」と、地元からは反対されました。町長からも呼び出しがあったくらいです。でも、住民説明会を開いて、根気強く説得した。

現在、ラ コリーナで育てている米や野菜は完全にオーガニックです。まだ小規模な実験農場レベルですが、そこに未来への可能性を見出しているのです。環境への負荷の問題もありますが、「近江の野菜はオーガニック」というイメージが根づけば、農家の方たちの利益にもなるからです。

もちろん、米は兼業農家の方が大半なので、一気にオーガニックに転換というわけにはいきません。その手間を考えると、まだまだプロの農家の方でないと難しい。とはいえ、少しずつでも意識改革すべきだと、地元の農家との語らいの場やセミナーを積極的にもうけるようにしています。

滋賀県知事の三日月大造さんは同世代なので、年に何回か経営者仲間と会合をもっています。そこでもずっと「滋賀県をブランド化するカギはオーガニックにある」と言い続けてきました。するとタイミングよく滋賀県が男性の平均寿命で日本一（女性は四位）になり、さらなるテコ入れをはかろうと知事の施政方針にオーガニックが入ってきました。流れが変わりつつあるのを感じています。

八幡堀を守った市民

いくら甲子園の三倍あるといっても、ラ コリーナの面積は知れています。そこで「これからの生き方」を表現しても限界がある。それを近江八幡全体に、いずれは滋賀県全体に広げていきたい。だからラ コリーナを飛び出して八幡山の整備をやり、オーガニックをやり、森里海連環学をやっているわけです。

もちろん、私たちだけでは限界があります。市民の方々にも加わっていただかないと、広がりは生まれない。「そんなこと可能なのか？」と思われるかもしれませんが、実は近江八幡には先例があります。八幡堀の再生運動です。

八幡堀は近江八幡という町のシンボルです。数多くのテレビ時代劇や映画で撮影場所に使われていますから、近江八幡をご存じない方でも、八幡堀はご覧になったことがあるはずです。

近江八幡の町を作った豊臣秀次は、琵琶湖につながる八幡堀を掘り、湖上を往来する商船に寄港するよう命じました。八幡堀と楽市楽座のセットが、近江八幡の繁栄の礎となったわけです。

江戸時代も物流路として八幡堀は使われましたが、近代になると鉄道の時代がやってきます。戦後の高度経済成長期には自動車の時代になって、トラックで荷物を運ぶようになる。こうなると堀は無用の長物です。

しかも、区画整理で拡大した農地や工場から排水が流れ込みます。市民の生活排水も流れ込み、ゴミも捨てられ、一九六〇年代にはドブ川のようになってしまいました。ヘドロが一・八メートルも堆積していたそうです。

悪臭がただよい、蚊や蠅の発生源になります。衛生的にも良くないということで、市議会で埋立計画が通りました。しかし、「町の歴史がつまった堀を埋めれば、その瞬間から後悔が始まる」と、近江八幡青年会議所が立ち上がります。そのなかには、若き日の父の姿もありました。青年会議所の役員をやっていたのです。

最初は行政から相手にされない。埋立事業はスタートしてしまっているのですから、当然です。市民も一日も早い埋め立てを望んでいるので、孤立無援です。

ところが、毎週日曜、青年会議所のメンバーが堀に入って清掃活動を続けていると、周囲の態度も変わっていきます。最初はヤジを飛ばす人や、わざと目の前でゴミを投げ入れる人がいたといいます。しかし、パンや牛乳を差し入れてくれる市民や、自分自身も清掃に加わる市民が現れた。ユンボやダンプを貸してくれる建設業者もいました。行政のなかからも「一市民として」清掃活動に参加する人が出てきます。

そして三年後の一九七五年、滋賀県は埋立工事の中止を決め、予算を国に返上したのでした。

水郷を埋め立てる計画も存在しましたが、そちらもお蔵入りに。八幡堀も水郷めぐりも、いまや近江八幡観光の柱になっています。

最初は青年会議所の一部のメンバーだけでした。それ

近江八幡の観光名所として再生した八幡堀

が周囲を巻き込み、最後には議会も動かした。自分たちの力で町のあり方を考えた記憶が、この町にはあるのです。このときの経験で、「古いものを残すべきだ」という意識は完全に根づきました。一九九一年、日牟禮八幡宮周辺の旧市街地の一部が、国の伝統的建造物群保存地区に選定されていますが、滋賀県初です。

なぜ自分たちで編集するのか

近江八幡は自分の家やと思え——。父からくり返し教えられてきたことです。

自分の家だと思えば、きれいにするのは当然です。さらに魅力的なものにしていかないと、自分の子供も孫も跡を継いでくれません。事業の継続性に問題が出てくる。自分たち以外の人も魅力的に感じてくれなければ、お客様もいなくなります。

そこで近江の魅力を伝えようと、二〇一三年から『La Collina』という冊子を年二回、発行しています。全四十八ページ、オールカラーで写真を多用した贅沢な冊子ですが、全国の店舗で無料でお渡ししています。

「ラ コリーナ近江八幡」で私たちが何をやろうとしているのか伝える冊子ですが、冒頭の特集ページでは必ずこの土地のことを紹介しています。観光地を紹介するわけではありません。それは観光協会の仕事であって、私たちがやっても仕方がない。私たちが紹介するのは、この土地の「暮らし」です。

田植えや稲刈り、山菜採り。正月の準備や鮒ずし作り。琵琶湖で漁をする人たちの仕事。ヨシの刈り取りと、それで屋根をふくまでの作業。火祭りに使われる巨大な松明《たいまつ》やしめ縄にしても、それがどうやって作られているか、詳しく知っている人は少ないはず。ヨシを刈り取ったあと、来年さらによく育つよう火を放つのですが、そうしたヨシ焼きもめったに見られない光景です。

近江の魅力を伝える冊子『La Collina』

私たちのすぐ隣に、こんなにも魅力的な、そして代々引き継がれてきた文化と生活が残っている。それを伝えたい。たねやはテレビCMも新聞・雑誌の広告も打たないのを方針にしています。誰かの手を借りて宣伝しても、お客様とのあいだにワンクッション置かれてしまう。それが本意ではないからです。
イベントなどの協賛を頼まれたときも、お金だけ出して社名を入れてもらうという行動はとりません。菓子はいくらでも配ります、お手伝いの人手も出します、でも、広告の形はご勘弁くださいと説明します。私たちは紙幣を刷っている会社ではなく、菓子を作っている会社なのですから。

もし私たちに何かを宣伝する必要があるのなら、自分自身の手で宣伝しないといけない。自分の言葉で語らないといけない。自分たち主導で『La Collina』を編集しているのも、そういうことです。けっこうお金も手間もかかるプロジェクトではあるのですが、広告費に比べたら安いものです。

織田信長の遺産

滋賀県には神社仏閣が多いので、当然、祭りも多い。近江八幡だと、三月の左義長《さぎちょう》まつり、四月の八幡まつりがもっとも有名です。

三世紀までさかのぼるとの説もあるのが、日牟禮八幡宮の八幡まつり。古式ゆかしい祭りでありつつ、太鼓をどんどん打ち鳴らして迫力があり、巨大な松明を燃やす勇壮な祭りでもあります。

左義長まつりのほうは、もっと派手。観光客も多い。飾りつけられた十三基の山車が町内を練り歩き、最後は日牟禮八幡宮の前で山車に火が放たれて奉火《ほうか》されます。もともとは安土城下でおこなわれていた祭りで、織田信長も身分を隠すために女装して参加したと言われます。その名残で、いまも男性が赤い長襦袢を着たり、化粧したりします。

安土城が廃城になったあと、安土の商人たちは近江八幡に移住しました。八幡まつりへの参加を断られたため、安土でやっていた祭りを近江八幡でもやり始めた。これが左義長まつりの起源です（全国の左義長祭りと同様、江戸時代までは小正月にやっていたようですが、現在は三月におこなわれています）。

左義長まつりは派手で、非常に楽しいお祭りです。伝統ある八幡まつりでは、町内に住んでいる人以外は法被も着させてもらえない。でも、左義長まつりのほうは誰かに法被さえ借りれば、参加できる。敷居が低いので、県外に出ている若者も、この日だけは必ず帰省したりします。

ただ、楽しみたい人が多い一方、祭りの準備に貢献したいという人は少ない。松明の準備にせよ、山車の準備にせよ、とにかく人手も時間もかかる。左義長まつりの山車は海老や鰹節、小豆といった食べ物で飾りつけられていますが、そうした飾りつけの作業は正月明けには始まります。

私が小学生のとき、この作業がやりたくて仕方がありませんでした。でも「子供は九時になったら帰れ」と言われます。大人はお酒を飲みながら夜中までワイワイと飾りつけをやる。こうした祭りが存在することが、近江八幡の人間としての一体感を支えていたわけです。

そうした伝統が危機を迎えている。人手が足りなくて他の地域からも担ぎ手になったりしている状況です。

まちづくりは株式会社で

そうした伝統を残していく意味もあって、二〇一三年に「まちづくり会社まっせ」を設立しました。

マッセマッセ、チョウヤレチョウヤレが、左義長まつりで山車を引き回すときの掛け声。マッセは「回せ」という意味で、近江八幡と安土の祭りに共通する言葉なのです。二〇一〇年に旧安土町が近江八幡市に統合されたこともあり、近江八幡・安土を合わせた地域の架け橋として、この言葉を会社名にしました。

この会社では松明祭りの保存継承をやっています。八幡まつりとは別に、秋にラ コリーナで地域の方々に各集落の松明を作って設置してもらい、お客様にご覧いただくイベントを開催しています。

ほかにも放置されている古民家の再利用を目指し、町家バンクを始めました。空き家を登録していただき、改修し、借り手を見つける。ようやく近江八幡にも古民家を利用したカフェやレストランが登場しつつあります。

鉄道の駅はかなり離れた場所にできたため、旧市街地がさびれていった話は何度かしました。でも、そのおかげで、旧市街地の古い町並みが取り壊されずに残っています。いまやそれが大きな観光資源になるのです。あとはどう再生するかを考えるだけ。普通は古い町が完全に壊されて新しい町に作り替えられていきますから、その点、近江八幡はラッキーだったわけです。

京都大学の森里海フィールドワークで、まっせのスタッフが近江八幡旧市街を案内

地域のみなさんに、まっせの株主になっていただき、運営はたねやの社員を一人、派遣しています。まだ赤字なので、収益の上がる事業もやらないといけない。ガイド付きのサイクリングツアーを企画しているところです。

この事業を始めるときには「NPO（非営利団体）でやるべきだ」という声もあったのです。たしかに他の町ではそういう形でやっておられるところが多い。でも、私たちは行政の下請けにはなりたくない。むしろ市民から提言する形で行政を巻き込んでいきたい。八幡堀が私たちのモデルケースなのです。

滋賀県は全国でも珍しく、人口の増え続けてきた県です（京阪神や名古屋のベッドタウンとして発展してきたからです）。しかし、この数年、人口流入が頭打ちになってしまった。人口が減り始めるのも目前です。そんな時期だからこそ、誰もが遊びにきたくなる町、移り住みたくなる町を作り上げることは、喫緊の課題です。

京都の奥座敷にならなあかん

週末のラ　コリーナには一日一万人を超える人がやってきます。海外からのお客様も増えており、入場者の一割は外国人です。台湾、韓国、中国といったアジアの方が多いのですが、桜の時期は欧米の方がグッと増えます。「せっかく日本に来たからには花見を」ということなのでしょう。

ところが、夕方五時ぐらいになると、ほとんど誰もいなくなってしまう。デパートの店舗では五時以降が勝負になるのと好対照です。

これはなぜかというと、近辺に宿泊施設がないからです。ビジネスホテル程度ならありますが、旅行の目的地となるような旅館がない。岐阜県や三重県の温泉旅館に泊まられたり、京都の和風旅館に泊まられたりするので、滋賀県を早めに出る必要がある。だからラコリーナは六時に閉店するしかないのです。

たしかに大津の宿泊施設は賑わっています。特に政府がインバウンドに力を入れて外国人観光客が増えてからは、京都の宿は予約がとれなくなった。ＪＲに乗れば京都から二駅で大津ですから、すごく便利なのです。そのうえ値段が安い。京都で一泊三万〜四万円かかるとしたら、大津は一万円程度で泊まれる。これで人気にならないほうがおかしい。大津から離れれば、もっと安く泊まることができます。

でも、これは上質なサービスを求める客は京都に泊まり、安さだけを求める客が滋賀県に泊まることを意味しています。ホテル業界の人に聞くと、「もう大変なんや。備品なんかすぐ持っていかれるし」と嘆くことしきり。シンガポールやハワイのように、きちんとルールを設定することも必要でしょう。経済団体でいま「近江八幡ルール」について議論しているところです。

私はよく「近江は京都の奥座敷にならなあかん」と話しています。値段の安さで人を呼ぶのではなく、もう少し敷居を上げていく必要がある。由布院のように、便利な場所にはなくても高価格設定で成功している例はあります。

ところが、琵琶湖の観光利用ですら、うまくいっていない。世界のどこでも湖畔には別荘が立ち並び、付設した桟橋からレジャーボートで遊びに出かけるのが普通です。利用者はお金持ちのシニア層ですから、なんだかんだ地元にお金を落とします。でも、琵琶湖ではマリーナを作ることもできない。漁業従事者との調整は必要ですが、こんなもったいない話はありません。

滋賀県は重要文化財の数で、東京、京都、奈良に次いで第四位。県の面積に対する自然公園の比率は全国一位。ラムサール条約に登録された湿地の面積でも全国一位です。本来であれば、もっともっと多くの観光客が来ておかしくないのです。京都観光の折に大津の宿だけ利用させてもらう、という場所ではないはず。

滋賀県出身者にどこから来たか聞くと、ほぼ百パーセント、「琵琶湖の滋賀県です」と答えます。でも、日本一の湖という観光資源を生かしきっていない。湖畔沿いの遊歩道すら完全には整備されていないのです。

なぜ琵琶湖岸に店がないのか

二十一世紀に入った頃から、父は出店を絞るようになりました。出店ゼロという年も少なくありません。人手が足りなくて余裕がないため、デパートから出店要請があっても、頭を下げてお断りしていたのです。

私の代になって、少し方針を変えました。無下にお断りすることはせず、話だけは聞く。条件さえ合えば出店する方針に変えたということです。二〇一一年以降、毎年のように新店舗がオープンしているのは、そういうことです。

路面店は滋賀県内だけ、という条件は変わりません。それについては、できるかぎり「変わらない場所」を確保したいと考えています。理想を言うなら、琵琶湖の見える店が欲しい。琵琶湖に近い近江八幡に生まれたというのに、たねやはむしろ琵琶湖から離れる方向に店を出してきました。山のほうへ山のほうへと発展してきた。これには理由があります。父の世代にとって、琵琶湖岸はあまりイメージがよい場所ではなかったのです。

琵琶湖畔のパン専門店「ジュブリルタン」

私が小学生の頃、琵琶湖には水泳場もできて、普通に泳いでいました。でも、父にとっては琵琶湖で泳ぐなんて、とんでもなく恐ろしいことだった。琵琶湖岸、特に湖東の琵琶湖岸には墓地が多かったからです。小さい頃、悪さをすると「琵琶湖に連れていくぞ」と脅されたそうです。そんな父にとって、琵琶湖岸に店を出すなど、考えられないことだったわけです。しかし、私の世代にはそんな感覚がありませんから、美しい琵琶湖岸を利用したい。ところが、これもなかなか難しいのです。

クラブハリエが彦根市の湖畔に「ジュブリルタン」というパン専門店を開いているのですが、法律上は「道の駅」として出しています。湖岸に店を出せないからです。そこで八十席以上を用意して休憩できるようにする、自由に使えるトイレを設置するなど、道の駅の形式を満たすことで開店を認められました。

琵琶湖岸の商業利用についても見直していく時期にきていると思います。

京都の壁を壊す

滋賀県は農業県ですから、さまざまな野菜を作っています。でも、同じ野菜に「京野菜」と名前がつくだけで、何倍もの値段になります。千枚漬の材料となるカブも多くが滋賀県で作られていますが、それを京都で漬物にするから高く売れる。滋賀県で漬物にしたのでは、まったく売れません。これがブランドの意味なのだと思います。

滋賀県でも「京都」とついたとたんにイメージが上がります。だから、鯖寿司にわざわざ「京鯖寿司」と名づけたり、懐石料理でも「京懐石」と名づけたりしている。絶対に「近江八幡懐石」にはならない。特に年配の人ほどこうした傾向が強い。

たしかに京都にはどう転んでも勝てません。伝統文化の重みでも、食文化の厚みでもかなわない。滋賀県にも古くていいものはたくさん残っているのですが、京都のように密集していない弱さがある。

でも、京都を意識しているかぎり、永遠に「二番手」です。近江八幡にしかできないことを考えないと、道は開けない。ラ コリーナに世界から人が集まるのは、京都より安いからでも、京都より美しいからでもありません。そんなこととはまったく無関係に、「ここにしかないもの」があるからです。同じことを近江八幡全体、滋賀県全体でも考えていかないといけない。「自分にしかできないことは何か？」と。

オーガニックもそうですが、ここにしかないものを作っていく。それが滋賀県をブランド化する唯一の道だと思います。「京都のおこぼれをもらうような観光はあかん」と、口癖のように言っています。

実はたねやでも、以前は「雅《みやび》と鄙美《ひなび》」ということをよく言っていました。和菓子というのは、特に京都が強いジャンル。差別化する必要があったのです。

王朝文化を背景とした華やかな京都の和菓子は「雅」です。一方、田舎にも田舎の美しさがある。生活のなかからにじみ出てくるような美しさです。「鄙美」としか呼びようのない和菓子を、たねやでは目指すのだ。京都が客間なら、近江は台所。台所には台所の菓子があるのだと。

まったくその通りだと思います。公家の菓子と庶民の菓子は別物です。田舎でしか作れない素朴な和菓子がいっぱいある。栗饅頭も最中もバームクーヘンも、田舎だから看板商品にできた。都会では「羊羹を作らな勝負にならんやろ」という雰囲気がありますから、栗饅頭の出る幕がない。

でも、私の世代からすると「雅と鄙美」は、ちょっと京都を意識しすぎた言葉のように感じてしまうのです。二番手を脱するには、まずは京都の高く厚い壁から解放されるしかありません。あがめたてまつるとか、逆にライバル視するとか、京都を意識すること自体をやめないといけない。それにはちょっと不都合があるのではないかと。

近江の人々と暮らしを紹介する冊子『La Collina』について説明しましたが、かつては「鄙美」という名前だったのです。四号まで出したところで改名したのは、京都も何も関係なく、「世界のどこにもライバルの存在しないもの」を作ることにしか活路はないのだ、という私の思いをこめたつもりです。

京都に初出店

実は京都には、二〇一六年に京都髙島屋店を出すまで、たねやの店舗がありませんでした。

本家本元に恐れをなしたということではありません。向こうは「雅の和菓子」、こちらは「鄙美の和菓子」であって、真っ向からぶつかることもないですから。京都の方が滋賀県まで買いにこられたり、「京都にも出してくださいよ」と頼まれたりすることもあるので、出せば成立するだろうとは思っていた。

それでも長いあいだ出店しなかったのは、あまり競合したくなかったからです。京都には伝統ある菓子屋がたくさんありますが、和菓子が売れなかったり、後継者がいなかったりで、どんどん廃業されている。

私どもは他店の二〜三倍のスペースをデパート側に求めます。ということは、二〜三店が撤退しないかぎり、場所が空かないということです。さすがに京都の菓子売場でそれをやりたくなかった。しかし、たまたま惣菜売場と喫茶スペースを縮小して場所が空くというので、出店することになりました。

あと、私の代になって、裏千家家元からご用命いただくことが増えたこともあります。弟子筋に当たる全国の先生たちからも頼まれることも増えた。お茶会で使う和菓子については、先生と相談しながらオリジナルの和菓子をご用意します。

実はたねやグループではオートクチュール（注文菓子）も一個からお受けしています。バースデーケーキはもちろん、喜寿や米寿のお祝い、結婚式の引き出物、神社のお祭り用の伝統的な菓子、ゴルフのホールインワン祝いまで。アレルギーのある方なら、可能な限りアレルゲンのないケーキもお作りする。

そんなわけで、特に茶道関係者とは普段からお付き合いが深いのです。そのなかでも京都の茶道関係者との関係が深まったため、普段づかいの菓子も京都で売ったらどうかという話になったわけです。

京都に出してみた実感としては、やはり何の問題もありませんでした。ただ、喜ぶほどいい数字でもなかった。やはり京都の方は、これまで親しんできた京都の菓子を進物に使われるのだと思います。でも、私たちが東京出店以来かかげているコンセプトは、「自分が食べておいしいと思ったものを、大切な人にも贈りたくなりませんか?」。京都の高級菓子とは最初から方向性が違うわけです。

そうは言っても、まずは食べてもらい、おいしいと感じていただかなければ始まらない。そこで、例えば五個入りの商品なら二個入りにするとか、「最初の一個」を食べていただく工夫をする。そうしたテコ入れを始めているところです。

末廣正統苑の教え

ここまで、故郷である近江に対する思い、そこを盛り上げていく取り組みについて語ってきました。こうした行動をとる背景には、実は先祖の教えがあります。

私が中学時代には父を「社長」、母を「女将」と呼ぶようになった話はしました。京都で演劇塾をやっていた長田純先生の影響です。

長田先生は、江戸時代に京の町角でおもしろおかしく物を売った商人たちに興味をもたれ、ずっと研究されてきた方です（『町かどの藝能』という本も出されています）。大道芸人や振り売り商人のなかに、芸の神髄を見出された。

日本橋に出店する直前、失敗は許されないと悩んだ父は、長田先生の門を叩き、相談相手になってもらいます。東京で自分はどう行動すべきなのか。不安を訴える父に、先生はこう言われたそうです。

「あの庭の松の木を見なさい。あの木は、あんたが来るから立派な枝ぶりにしたわけやない。一日一日を一所懸命に生きてたら、あの枝ぶりになっただけや。東京に出るからゆうて、自分をつくろう必要なんかあらへん。『ありのまま』でええんや」

父は憑きものが落ちたように、気が楽になったそうです。それ以来、「ありのまま」はたねやの生き方になっています。私もつねにその言葉を思い浮かべる。

我が家に家訓のような書きものは残っていませんが、口伝でいろんなことが伝わってきた。祖父から叩き込まれた商いの心得を、父は長田先生と相談しながら文書化します。それが和綴じの冊子「末廣正統苑」です。

経営の仕方ではなく、商人としての生き方を書いた冊子です。「商いは人の道だ」というのが基本コンセプトで、商いを通して人格形成を目指す。家族経営に毛の生えたぐらいの時代は、口頭でも伝えられます。でも、組織が急激に大きくなり、東京みたいに離れた場所で働く社員も出てきたため、書物の形でたねや精神を伝える必要が出てきた、ということです。門外不出ですが、新入社員には必ず買わせ（一冊二千円です）、ことあるごとに読ませています。読み解きの講習会をやることもある。

商人道が書かれた「末廣正統苑」

父から「三方よし」という言葉を聞いたことはないのですが、似たような表現は「末廣正統苑」にも出てきます。

「商ひの荷は往復《りょうみち》　天平なるべきこと　されど戻り天平の荷は商物にあらず　選びて世間様へお返しの荷をのせて戻るべし」

帰路の天秤棒には、世間へのお返しを積めという教えです。

見返りを求めて商いをやったら必ず失敗する。誰も見ていないところでも、世間のためになるよう行動しろ（「陰徳善事《いんとくぜんじ》」といいます）。利益を求める前に、お客様の喜ぶ顔を見て満足しろ。人としてあるべき道（義）をないがしろにしなければ、利益はあとからついてくる（前にも出てきた「先義後利」です）。社会から必要とされる会社でなければならないし、そのために世間の利益も考えろと。

こうしたことは、私もつねに意識するようにしています。

たねや八つの心

「末廣正統苑」はハウツー本ではないので、「こういうときはこうしろ」といった具体的なアドバイスが載っているわけではありません。人としての生き方が書かれているだけなので、読むたびに発見があります。もちろん、若いときに読んだ印象と、いま読む印象も変わってきます。

私がよく思い浮かべるのは、「如在《おわすがごとく》」という教えです。

「いつ　どこに居ても　師の在すがごとく　父の在すがごとく　母の在すがごとく　伴友《とも》の在すがごとく　己に厳しく　心寛く　豊かに　清和健進をなすなり」

私はいま、社長としてすべてを決められる立場にある。でも、目の前に師匠がいたとしても、本当に同じ決断をするのだろうか？　そこは謙虚にならないといけない。つねに肝に銘じている言葉です。

こういう教えもずっと心にひっかかっています。

「池を開きて月を待たざれ　池成れば月自《おのずか》ら来る」

池としてきちんと機能していれば、その水面に月は自然と映ってくれる。月を映すことばかり考えて、池を整えることがおろそかになれば、絶対に月は映ってくれない。人からどう評価されるかと思い悩む前に、まずは自分ができることを限界までやる。欲にかられて利益を思う前に、お客様を喜ばせることだけを考える……。いろんな解釈ができるでしょう。なんとも含蓄のある言葉で、何度も何度も反芻しています。

悩みを抱えたときに『末廣正統苑』を読むと、思わぬヒントが得られることがある。そういう意味で、たねやのバイブルなのです。だから、父はそのエッセンスを「たねや 八つの心」にまとめ、朝夕、社員たちに唱和させてきました。

一つ　私は素直な心でいただらうか
二つ　私は人様の無事と倖せを祈る心を忘れはしなかったか
三つ　私は正直と敬う心を持っていただらうか
四つ　私は装ふ心を大切にしていただらうか
五つ　私は手塩にかける心を忘れてはいなかったか
六つ　私は感謝の心をもっていただらうか
七つ　私は親切の心を大切にしていただらうか
八つ　私は活き活きする前進の心をもっていただらうか

毎日、八つの反省をおこなう。その先に、末廣がりの繁栄がある――。これがたねやグループの経営理念なのです。

仕入部と社会部

私の代になって新しく作った部署に、仕入部と社会部があります。菓子屋における仕入れは、基本的に主人の仕事です。寿司屋の大将が弟子に「ちょっとカツオ買うてきて」と頼むことがないのと同様、主人自身が食材を見て仕入れる。たねやで使う数量が大きくなったおかげで、昔とは比べものにならないほど良質な食材が手に入るようになりました。買い手としての力が強くなったのでしょう。より良いものが見つかると、どんどんそちらに切り替えています。

ただ、これだけ数量が多くなると、主人一人ではできない。それに、父の時代よりも、生産農家から直接仕入れることが増えている。なるべく生産現場を見たいので、組織として対応する必要が出てきたわけです。

生産現場を見るというのは、自分たちで栽培したり、収穫のお手伝いをするのと同様、作り手の気持ちや苦労を知るためです。それに加えて、適正な値段で買いたいという理由もあります。不当に買い叩くのではなく、その苦労に応じた金額を出したい。場合によっては市場価格より高くなってもです。

普通に考えれば、「買い手」である私たちとしては、一円でも安いほうが得をするはずです。でも、そんなことを続けていたら、「売り手」が消耗してしまいます。彼らが事業を続けていけなくなれば、私どもの商いも成立しなくなる。だから、持続可能性を考慮した価格で買い取る。これが、私たちにとっての「売り手よし」なのです。

ほかの菓子屋にこういう専門部署はないので、ビックリされます。でも、利益だけを優先しないという姿勢の表明でもあるのです。

普通の菓子屋にまず存在しない部署といえば、社会部。これも私の代になって立ち上げたものです。

儲けることだけを考えるのではなく、地域の一員として役割を果たす。ここまでご紹介してきた「商い以外の部分」は、すべてこの社会部が担当しています。森里海の連環も、田んぼの体験教室も、八幡山や西の湖の整備も、たねや渋滞の解消法や持続可能な社会を考えるのも、この部署の仕事です。

海外でも知られる大企業ならともかく、スタッフ二千人程度の菓子屋が、こうした部署をもつこと自体、異例でしょう。「三方よし」を実践していると言われてみれば、その通りなのかもしれません。

第五章　たねや流「働き方改革」

なぜアリが菓子屋のシンボルなのか

「ラ コリーナ近江八幡」のシンボル・キャラクターはアリです。

お菓子やそのパッケージ、店舗のディスプレーなど、そこかしこにリアルなアリの絵が描かれています。知らずに箱を開けようとして、一瞬「わっ！」と驚かれたお客様もいらっしゃるかもしれません。

従来の菓子屋の常識でいえば、ありえないことだと思います。砂糖に寄ってくるアリは菓子の天敵。しかも、甘いものが好きな女性はたいてい昆虫が嫌いときている。実際、社内からもそんな反対の声が出ました。

それでも強行したのは理由があります。ラ コリーナのテーマは「自然に学ぶ」。アリから学ぶべきことがたくさんあるからです。

人間の歴史はたかだか七百万年。昆虫の歴史は四億八千万年もあります。昆虫が百万種ほど見つかっているうち、一万一千種はアリです。藤崎憲治先生（京都大学名誉教授）によると「アリは進化に成功した生きもの。昆虫のなかでも、圧倒的に中心的存在」なのだそうです。

永続性にこだわるたねやグループにとって、人間より桁違いに長く繁栄しているアリは見習うべき存在なのです。

アリがすごいのは、高度な社会性をもっていること。しかも、一匹のリーダーが命令をくだしてそれにみなが従うわけではなく、なんとなく列をなして進んだり、なんとなく協力してエサを運んだり、なんとなく複雑な巣を作ったりできる。「群知能」と呼ぶそうですが、一匹一匹は勝手に動いているというのに、全体で見ると集団の利益にかなう行動になっている。

そういう意味で、私の目指す組織のあり方に似ているのです。父の代はカリスマの一声ですべてが動いた。私の代は組織で動く。二千人全員に社長が命令をくだすわけにはいきませんから、一人一人が考えないといけない。それぞれがバラバラに動いているのに、全体としては会社や社会のためになる。それが理想です。

アリがシンボル・キャラクター

　個々が考えて動く組織は強い。これからのたねやにも「群知能」が必要なのです。これがアリをシンボルにした理由です。
人から反対されようとも、やるべきことだと思えば実行する。それが私のポリシーです。もちろん、周囲を説得する努力は必要です。そのためには自分の言葉で理由を説明できないといけない。借り物の言葉では迫力不足です。
　幸い、アリについてお客様から苦情が出たことはありませんが、もし出た場合は、苦情を言われた「そのスタッフが」、理由を説明できなければなりません。自分の頭で考え、自分の言葉で伝える。簡単なようでいて、非常に難しい作業です。

私の代になって、いわゆる「働き方改革」を始めています。その眼目は「一人一人が創造性をもつ」「それぞれが自分の言葉をもつ」こと。この章では、そうしたスタッフの意識を変える工夫についてご紹介したいと思います。

危ないから撤去が理想的か？

二〇一七年にオープンした八日市の杜には、店内に火が吹き出す暖炉があります。上向きに火の出る暖炉を買ってきて、自分たちで割ったタイルを張りつけ、オリジナルの暖炉に仕立てました。

これを導入するときにも、社内から反対がありました。「危ない」とか「子供が触ったらどうする」とか「柵で囲うべきだ」とか。でも、聞き入れませんでした。ここには私なりのメッセージが込められているからです。

もしお客様から苦情があった場合、私なら、こう説明すると思います。

「熱いものは熱い、冷たいものは冷たい。そう体感できる環境がどんどん減っています。熱くて危険だと思うなら、近づかなければいい。そうするのが人間の本能です。ところが、熱いと感じた経験すらないと、そんな本能も失われてしまう。これが人間にとって、本当に望むべき状態でしょうか？」

青い火は高温だから危険です。赤い火はさほどでもない。暖炉の火は赤いので、上の空間に手をサーッと動かしても、一瞬なら火傷することはありません。昔の人なら誰もが身につけていた知恵ですが、現代人には失われている。

八日市の杜の火が噴き出す暖炉

火は熱いものだと体感できる環境をもっと増やしていかないといけない。ラ コリーナをアスファルトで覆わないのと同じことです。夏は暑い、冬は寒い、と感じることが大切。自然に学ぶべきだと思うから、あえて暖炉を置いているのです。

火は危ない。だけれども、八幡まつりや左義長まつりのような「火の祭り」があったり、キャンプファイアーに人が集まってくるのは、危険を上回る魅力があるからです。火の周囲に集いたくなるのも、人間の本能だということ。そこを根本から否定してしまうのは、どうなのでしょうか。

　こちらの意図をきちんと説明すれば、たいていのお客様は理解してくださいます。世の中全体に、「文句が出そうだから、やめておこうか」という風潮が蔓延している気がします。暖炉は危ないから撤去するというのが、もっとも安易な結論ですが、そんな自粛社会が望ましいはずありません。

　もちろん、商いをやっていれば、とんでもない苦情にぶつかることがあります。夏場、店の前に打ち水をしたら「濡れてるやないか」と文句を言われたり。店内にどうしても犬を連れ込むと言って怒り出されたり。朽ちた感じを出す演出をしているのに「鉄が錆びてるやないか」と叱られたり。そこで「すいません」と謝るのは簡単ですが、理想的な解決策ではない。

　私たちはお客様の利益を最優先に考えています。儲けることよりも、まずはお客様の喜ぶ顔が見たい。しかし、それは自分の考えを曲げてまで謙《へりくだ》ることを意味していません。スタッフにはつねづね「謝るような仕事はしたらあかん。でも、謝る必要のないことに謝ったらあかん」と言っています。

　お客様も店員も、同じ人間です。人間同士、お互いを尊重する部分は残しておかないと、おかしな社会になってしまいます。「売り手よし、買い手よし」という言葉のなかには、売り手も買い手も対等だ、という意味も含まれていると思うのです。

両極端を見る

自分の考えをもつ、自分の言葉で語る――。私がその重要性を意識し始めたのが、修業を終えて、さまざまな業界団体や経済団体に参加するようになってからだという話はしました。いろんな人に会って話し、いろんなものを見ることが大切です。

父も「美意識を育てんと、和菓子は作れへん」と言って、ヒマを見つけては展覧会やら美術展やら、よく出かけていました。私はどちらかというと、すでに評価の定まったものより、自分で何かを見つけ出すほうが好きです。

食べ物を見に行くことはほとんどありません。ファッション関係、キッチン関係、インテリア関係、アンティーク関係……。全然関係のない業種を見る。新しいホテルができたら、デザイナーがどんな仕事をしているか見に行きます。

作品が気に入って陶芸家や金属工芸の先生に会いに行くこともありますし、店で飾る鍵が欲しいとなったら、アンティーク店を何十軒も回ったりする。

ポイントは、どんなジャンルであれ、流行っている店と流行っていない店の両方を見ることです。見ているうちに、なぜ流行っていないかわかるようになりますし、いまの人たちが何を求めているかもわかるようになる。

同じ店を定期的にチェックすることもあります。「最近、あんまり元気がないなあ」と感じたら、次に行ったときにはなくなっていたりする。

海外にもよく出かけます。三十代前半までは時間があったので、菓子屋仲間三人で七日間、パリのケーキ屋さんを食べ歩いたことがあります。一日に五軒も十軒も回って、各店で必ずひとつはケーキを食べる。喫茶コーナーがない場合は、店の前のガードレールに腰かけて食べたりしました。楽しい思い出です。

菓子屋の団体でも経済団体でも、海外視察に誘われたら、できるかぎり参加してきました。菓子屋の視察というとパリ、ロンドン、ジュネーブが多いのですが、ニューヨークやサンフランシスコにも頻繁に行きます。ニューヨーク、ロンドン、パリ、香港、東京というのはモノや情報が集まってくる街なので、それはそれで刺激的です。

海外に行っても、両極端を見ます。例えばシドニーで最先端のパンケーキを見るのなら、今度はサンフランシスコに行って、昔ながらの「ワンダラー・パンケーキ」を見る。一ドルで食べられるトラディショナルなお店で、いわゆる昔のケーキ屋さんです。決して格好よくはない。むしろダサい。でも、朝からものすごくお客さんが入っている。こういうのを見比べることで、何か感じ取ることもあるわけです。

たまたま菓子の例を出していますが、向こうの流行を日本に持ち込もうと考えたことは一度もありません。そう考えた時点で「二番手」ですから。コーディネーターの方が「菓子屋さんなんだから、一軒ぐらい見ておいたほうがいいんじゃないの？」と気を回してくださるので、見に行くことがあるだけです。

無駄な行動に意味がある

経済団体の海外視察は工場見学が多いのですが（そういう名目だと社内で経費が落ちやすいのでしょう）、一日ほど付き合って、あとの日程は完全に別行動します。「ちょっと用事がありますので」とか言って抜け出す。

例えばドイツに行って、メルセデス・ベンツの工場に行く。たしかにすごいのです。本当に感心する。でも、それ以上の刺激がない。ワクワクしない。みんなが自動車の組み立てを見て歓声を上げているときに、自分一人だけ違うほうを見て「このレンチ格好ええなあ。どこで売ってんのやろ？」とか考えるほうが好きなのです。

それで一人で町に出て、あてもなくブラブラする。建物を眺めたり、お店を覗いてみたりすると、必ずワクワクさせるものが見つかる。

こうした経験を重ねてきたことが、ラ コリーナで生かされています。例えばベトナム製

背もたれの高さが目隠しになる椅子

の陶器タイルを敷き詰めた場所があるのですが、これは人間が踏んだら割れてしまう。割れる舗装に意味がないと思われるかもしれませんが、割れたところから雑草が生えてくるのがいい。日本ではもう作れないドイツ製の手焼きのガラス。均質に透明ではないので、向こう側が少しゆがんで見えるのが心地いい。こういったグッズは、似たようなものを海外で見て気に入り、日本に戻ってから探したものです。

あるいは、八日市の杜ではシェフズカウンターといって、寿司屋のように目の前でシェフがケーキを作って出してくれるサービスをやっています。お客様が食べているところを後ろから覗かれないように、背もたれの非常に高い椅子を作ったのですが、こういう感覚も海外で磨かれたものです。

岐阜には木工職人や家具職人がたくさんいて、アイデアさえ出せば、自分が望むようなものを作ってくれます。そのアイデアが出せるかどうかがポイントなのです。自分の目を肥やすしかありません。

かつてほど頻繁には行けませんが、社長になってからも年に数回は海外に出ています。外で刺激を受けて、それを持ち帰るのが自分の仕事だと考えているからです。社長不在でも回る組織にしたから可能になったことですね。

あてもなく町を歩く――。非常に無駄な時間を過ごしているのです。でも、その無駄な時間に大きな意味があると考えています。スタッフにも「なるべくいろんなものを見たほうがいい」と言っています。

オリーブオイル全部買う

バイヤー目線で海外を旅することはないのですが、ときにそれがヒット商品に結びつくことはあります。

二〇一一年ですから、社長になった年です。近江八幡の商工会議所の会頭から「イタリアにスローライフの美しい村があるから、見に行かないか」と誘われ、ローマとミラノのあいだにある小さな村をいくつか回りました。一日に三～四軒のワイナリーを回るという、けっこう忙しい旅でした。どこでも「おいしい」と感心はするのですが、感動するほどではなかった。

ところが、ウンブリア州メルカテッロにあるカステッロ・モンテヴィビアーノ・ヴェッキオ社を訪れたときは心が震えました。ワインのほかにオリーブオイルも作っているのですが、オリーブオイル一本にかける思いが、ほかとは違っていた。パンにかけて食べると、「うわあ」と声を上げるほど力強かった。

オーナーのロレンツォ・ファゾラ・ボローニャさんは環境への負荷を考えながら経営されており、私たちの考え方（藤森先生と出会う前ですから、まだ「自然に学ぶ」と言語化できてはいなかったのですが）とピッタリ合った。二酸化炭素の排出ゼロを目標にされており、広大な農園に入るときはわざわざ電気自動車に乗り換えるほどでした。もちろん、全面的にオーガニック栽培です。

会社の取り組みを熱心に説明されるのを聞いて、「この人と長い付き合いがしたい」と思いました。それで発作的に「ここにあるオリーブオイル、全部買います」。もちろん先方はビックリされます。でも、それぐらいやらないと覚えてもらえない。

この時点で、どれだけの在庫があるのか私は知りませんでしたし、先方もわかっていませんでした。結局、日本に届いたオリーブオイルは、二十フィートのコンテナで一台ぶん。私が毎日飲んでも十年はかかる量です。

全部買うと宣言した時点で私の頭のなかに具体的なプランがあったわけではありません。それまでオリーブオイルなど商品に使ったことがなかった。社員からは「こんなに買うて、どないすんのや」とか「いったい何に使うんや」とか声が上がりました。会社の冷凍庫に入りきらないので「冷凍倉庫屋さんに頼まなあかんな」とか。

でも、なんとかなるという漠然とした自信はあったのです。現地ではオリーブオイルをレンズ豆にも蕎麦にも小麦粉のピザにもかけていた。それなら、お米にも合うんじゃないか。そう思って、行き着いたのが「オリーブ大福」でした。

塩気を心もち強くきかせた大福に、オリーブオイルをかけて食べる、和菓子らしからぬ和菓子です。多くの芸能人が取り上げてくださったこともあり、大ヒット商品になりました。二〜三年で消化できるかなと思っていたコンテナ一台分のオリーブオイルが、半年もたたずになくなってしまった。

大ヒットしたオリーブオイルをかけて食す「オリーブ大福」

まあ、私の目的はロレンツォさんと長い付き合いをすることのほうでしたから、オリーブ大福の大ヒットは副産物だったのですが。ロレンツォさんはすでに四度もラ コリーナを訪れてくださり、毎年十月のオリーブ収穫期には、うちのスタッフがイタリアまで手伝いにいくほど、緊密な関係を続けています。

第三章で登場したルッキさんも、このロレンツォさんもそうですが、古いものを大切に残しつつ、新しいものをセンスよく取り入れている。イタリア人ですから、英米人的な効率主義のところがないし、家族を愛し、職人気質がある。食事も合うので、イタリアが大好きです。

ローマやミラノやフィレンツェといった大都会ではなく、田舎にこういう人物がいることがすごいと思います。しかも、彼らは本心から「自分の町が一番だ」と思っている。田舎町に生まれたことを誇りに感じている。

日本人はどうでしょう？　大半の人は「東京が一番だ」と思っているのではないでしょうか。田舎だと恥ずかしいとか、自分の出身地を知られたくないという人もいます。私たちも「近江八幡が一番や」と言えるようにならなければいけないと、ロレンツォさんのところへ行くたびに感じます。

竹羊羹の精神

自分たちで作ったものを、最後まで自分たちで商う。これが、たねやの哲学です。誰かに頼んで売ってもらうと、お客様との関係が切れてしまう。大口取引から手を引いたのも同じ理由です。

そういう意味で、職人が工場にひきこもって菓子作りだけに専念するのは、望ましいことではありません。彼らもお客様と直に接する必要がある。

そこで父の時代から恒例行事になっているのが、左義長まつりにおける「竹羊羹」売り。竹筒に水羊羹を流し込んだ歳時菓子ですが、このときだけは工場の人間が店頭に立って売ります。祭りの二日間に二万本を売らないといけない。「売り切れるまで帰ってくるな」というルールで、かつては職人を泣かせたものです（最近は人気が出て、あっという間に売り切れるので、昔のような苦労はないのですが）。

工場の人間も左義長まつりで「竹羊羹」を売る

一年に一度は、自分で作ったものを自分で売る。「私は作る人、あなたは売る人」というムードになるのを防ぐ仕組みです。この「竹羊羹の精神」が、たねやの菓子作りをささえている。
私の代になって、通販部を製造本部の管轄に移したのも、同じことです。せめて通販の部分では、お客様と直接向き合ってくださいと。
職人がお客様の前に立つ意味は非常に大きいのです。ラ コリーナでは、バームクーヘンをその場で焼いて提供するとか、どらやきにあんこや生クリームやフルーツをはさんで提供するとか、カステラを焼いて提供するといったサービスをやっています。工場勤務の職人が、交代でラ　コリーナに来てパフォーマンスする。

私はなるべく回転させて、一人でも多くの職人にこの経験をさせろと言っています。お客様と接することで、本人の意識が変わるからです。

工場で菓子を作るときは、目しか出さない完全防備です。大きなマスクをし、髪の毛もネットで覆って帽子をかぶる。見た目の良さは考えない。口を空けると不衛生なので、無駄口をきくと叱られる世界です。

店頭では違います。お客様とのコミュニケーションが大切だから、マスクはしません。笑顔も絶やしてはいけない。これで意識が変わるのです。それまで工場勤務一筋だった若い子も、店頭に立って一週間もすれば、スムーズに話ができるようになります。

工場と違い、店頭ではコック帽とコック服だけ。何より求められるのは、格好よく振る舞うこと。ディズニーランドのミッキーマウスが、一瞬であってもダサい動作をしないのと同じことです。だから動作が美しく、効率的になります。包丁の動かし方ひとつでも、人から見られていると変わる。

工場にいて商品の出来を最優先していると、コック服の汚れが気にならなくなったりするものです。店頭でそれでは恥ずかしい。コック服が汚れるというのは、下手な作り方をしている証拠だからです。コック服を汚すというのは、それだけロスを出して、農家のみなさんを裏切ってもいるのです。そうしたことを意識するようになり、プロフェッショナルとしてのモチベーションが高まります。

作業しているところをすべてお客様に見られていれば、変なことはできません。お客様にとっても安心感がある。ショップ・イン・ファクトリーという考え方は、そういう意味でもメリットがあるわけです。

「見える化」が意識を変える

これは菓子職人に限った話ではありません。

本社には八十人ほどの社員が働いています。営業、経理、総務、広報、人事、アート室など、頭だけ使うような部署。お客様と向き合うことも、菓子と向き合うことも少ない仕事です。それではいけない。

そういう環境だと、えてして「私は計算する人、あなたは売る人」という感覚になってしまいがちなのです。お客様の相手をするのは販売スタッフの仕事であって、自分たちには関係ないと。たねや精神に反する考え方です。

本社オフィスはガラス張り

愛知川工場に本社を置いていたときは仕方のない面もありましたが、せっかくお客様がたくさん訪れるラコリーナの一角に本社を移すのですから、お客様と触れ合ってほしい。そこで、オフィスをガラス張りにしました。中がお客様から丸見えです（喫茶店と間違えて入ってこようとされる方もいます）。私はオフィスの「見える化」で、社員の意識を変えたかったのです。

例えば繁忙期に大型バスが入ってくると、経理の人間も総務の人間も広報の人間も、一斉に走ってお客様の整理に当たるようになった。たねや渋滞ができるぐらいですから、駐車場への誘導も、彼らの大切な仕事です。

私はつねづね「机に張りついてるだけで仕事してる気分になるな」と言い続けています。私の仕事はこれだけだと限定してはいけない。すべてが自分の仕事だという気持ちをもつべきなのです。

当初は「これでは、自分の仕事ができません」と文句が出たようですが、逆に自分の仕事を精査するチャンスだと考えないといけない。「お客さんの相手をするのは私の仕事じゃ意味がありました。

ない」という意識が変わりつつあるのですから、これだけでもラ コリーナに本社を移した

なぜフリーアドレスか

ラ コリーナの本社棟を作るにあたっては、アメリカでさまざまなオフィスを見学しました。グーグル、フェイスブック、アマゾン、ワーナー、ピクサー、ディズニー……。グーグル本社にはビーチバレーコートもボウリング場も子供が遊べる公園もあります。アマゾン本社はまるで植物園のようです。そこにいるだけでワクワクするし、創造力が溢れてくる。

ラ コリーナの本社には遊び道具があったり、不思議なオブジェが並んでいたり、入口にブランコがあったり、無駄なものがいっぱい置いてあります。若手作家の造形作品とか、芸術学校の生徒の卒業制作とか、気に入ったものがあれば並べます。スタッフの目を肥やしたい。数字ばかり眺めていても、何も生まれませんから。

こうした遊び心は、アメリカのオフィスから学んだものです。それまで愛知川工場にあった本社には、笑ったら怒られるような雰囲気があった。それを「笑わなければ怒られるような場所」に変えたかった。

各自の座席をなくしてフリーアドレスにしたのもそうです。人事や経理といった情報管

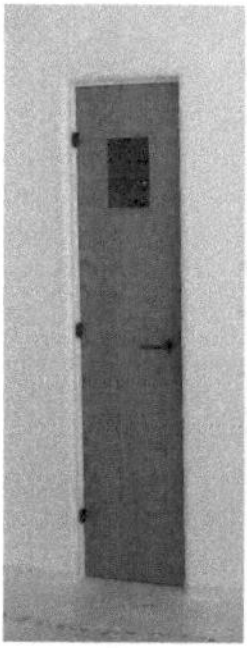

不思議なものだらけのオフィス。本社入口のトビラは細長くて人一人がやっと通れる（左）

理の不可欠な部署を除けば、オープンスペースで、部署を仕切る壁もありません。部署のあいだの壁を取り去ることで、さまざまな情報がすべての人に入っていくようにした。

社員も最初はとまどったかもしれません。でも、会議をしたかったら、そこらへんのテーブルを適当に使えと。オープンスペースにしておくと、部署を横断したプロジェクトチームを作るとき、スムーズに進みます。

アメリカのオフィス視察でもうひとつ感じたのは、創造力さえあれば、どこからでも世界へ発信していけるのだということ。グーグル本社はサンフランシスコ、アマゾン本社はシアトルにあります。ニューヨークを経由して情報発信しているわけではないことを、あらためて印象づけられた。

私たち日本人はこれまで、どうしても東京を経由して情報発信するしか道はないように思い込んでいたと思うのです。近江八幡から直接、世界へ発信することは十分可能なんだと確信を深めました。

人間と人間の関係を築く

向こうのオフィスで印象に残ったのは、現地の住民の方々と、社員との垣根が非常に低いことです。例えばアマゾン本社には有名レストランがたくさん入っていて、地元の方も利用されます。社員と地元の人たちが、当たり前のように隣に座り、会話を交わしながら食事を楽しんでいる。

買い手と売り手という関係ではありません。人間と人間として会話している。これも一種の「世間よし」と言えるでしょう。地元の方とフランクに付き合える環境を整えることが非常に大事だなあと感じました。

まあ、うちは食品を扱う会社だけに、さすがに「どこでも入ってください」と言うわけにはいきません。衛生の問題がありますから。だから、逆にスタッフにオフィスの外へ出て、お客様と会話しろと言っています。

なるべく一人の人間として接してもらえるよう、制服をなくしました。こちらが普段着でいるほうがお客様は話しかけやすい。スーツを着ている相手には声をかけにくいけれども、農園のスタッフみたいに服が泥だらけだったり、長靴を履いているような人間には話しかけやすいようです。

どんな会話でもいいのです。「あなたが、あの『La Collina』の冊子を作ってはるの。こないだの絵本バージョンのやつ良かったねえ」でも「あなたがデザインやってはるの。ラ コリーナ限定のたねや饅頭の箱、可愛いねえ」でも「あなたは造園の人？ なんで雑草なんか植えてはるの?」でも。菓子の話でなくてもいい。

お客様は、そこで働く人間に対しても興味をもたれる。だから自分の仕事を、自分の言葉で説明する。非常に難しいことですが、最初は訥々とでもいい。一人の人間と、一人の人間という関係を築くことに意味があるのです。自分の頭で考える力、自分の言葉で語る力も磨かれます。

もちろん、こういう新商品を作るべきだとか、いまの販売方法をこう変えるべきだ、といったヒントも得られます。

かつて、本社の人間は黒子に徹しろと言われていました。でも、ラ コリーナに本社を置く意味があるとしたら、これだと思うのです。

毎日二時間はウロウロしろ

七人いる部長たちに最近、口うるさく言っているのは、「毎日二時間空けて、そのへんを歩け」ということ。ラ コリーナの敷地内でも、八幡山でも、どこでもいい。とにかくウロウロしてみろと。

オフィスの外に出れば、必ず何か発見があります。歩くことで、それまで悶々と悩んでいた問題の解決策がポンと浮かんでくることもある。

私も時間を見つけては歩くようにしています。もちろん、お客様と接することで、いろいろな刺激を与えていただけます。さらに、「このへんの雑草伸びてきたから、そろそろ抜かなあかんなあ」とか「この柵が錆びてきたから、きれいにしとこか」とか、いろんな発見がある。

雑草を抜くのは「雑草を抜く係」の仕事、柵の錆を拭くのは「柵の錆を取る係」の仕事、と考えるのではダメです。すべてが自分の仕事だと考えるのが、たねや精神。とりあえず部長から始めていますが、いずれは本社スタッフ全員に広げていきたい。

二時間という数字には意味があります。これが一時間なら、誤魔化し誤魔化し作ることができるでしょうが、二時間だと、微調整では作れない。自分の仕事を根本から変えるしかありません。

八時間労働のうち二時間をウロウロにあてるとなると、自分の仕事を精査せざるを得ない。残された六時間の「仕事の質」が根本的に変わってくるのです。「この仕事は無駄なんと違うんか？」と考えるようになって、効率性が増す。働き方そのものを変えるチャンスになるということです。

会社の要領が良くなった

必要に迫られれば、「仕事の質」は劇的に変えられるものです。

私が八日市玻璃絵館の指揮をとりＳＰ室室長を兼任していた時代ですが、阿倍野近鉄店のヘルプに入ったことがあります。超繁忙店で、スタッフが次々に倒れていました。私も始発で八日市を出て終電で帰る毎日で、倒れる直前までいった。

日本橋三越の場合、進物を買われるお客様が多いし、外商も多かった。客単価が高いから、少ない労力で売上が上がった。一方、大阪・阿倍野は庶民の町です。「水羊羹と梅ゼリーと栗饅頭と草餅を一個ずつちょうだい」みたいな注文が多かった。スタッフはそのひとつひとつに対応するのでアップアップでした。

どこに問題があったかというと、いろんな性格のお店があるのに、一律に対応しようとしていたことです。現在でいうと、もっとも客単価の高いのが八日市の杜で三千円ぐらい。一方、駅ビルに入っているような店舗は六百～七百円です。これを同じように対応しようとすることに無理がある。

そこで、店ごとに売り方を変えました。いまは進物の多い店はこうする、個別に買われる店はこうすると、こちら側の事前準備を変えています。例えばよく出る商品を最初からセットにして箱詰めしておけば、対応が速くなります。いまから思えば当たり前の方策なのですが、当時はそんなこともやっていなかった。

現場に入れば問題が見える。問題が見えれば対応策も立てられる。朝から晩まで包装するのがあまりに大変だったので、自動包装機を導入しました。さらに、配送に関しては各店舗でやらず、出荷センターで包装して発送の手配をすることにした。要するに、会社としてもどんどん要領が良くなっていくわけです。

二〇〇六年から発売開始したどらやきは、瞬く間に人気商品になって、梅田阪神店では一日に千個も出るようになりました。当時そんなに売れるなんて考えられないことで、店のスタッフはパニックになっていました。製造現場も同様で、「こんなに焼けるわけがない」とこぼしていました。

そこで愛知川工場に機械を導入した。店頭で販売する側も積極的に声掛けをしたり効率よく売る工夫をするようになった。いまやその程度の数は、どこの店舗も余裕でこなします。どらやきに限った話ではなく、すべての商品に同じことが言えます。

要は、必要に迫られれば、仕事の質を変えられるわけです。洋菓子の世界大会に出る人がいてクラブハリエのスタッフが手薄になるとか、シーズンショップのために、たねやの店舗からスタッフが引き抜かれるとかいうのは、普通にあります。いままでと同じやり方では絶対に回らないとなったときに、どう仕事の質を変えられるか。残された者にとっては考えるチャンスでもある。

本社スタッフに「二時間空けろ」と求めるのも、まったく同じことなのです。

それで、あなたの意見は？

実は、うちの店舗にはマニュアルがありません。一人一人のスタッフが自分の頭で考えて、どうお客様に向き合うかを判断してほしいからです。

よく注意していれば、お客様が何を望んでおられるかは見えてくる。急いでいるお客様には、こちらも急いで対応する。ゆっくり買い物を楽しんでおられるお客様には、こちらも時間をかけて商品説明する。つねにあてはまる「正解」など存在しません。そのときどきで正解が変わるから、考える能力が求められる。

最近は「店長が売りたいと思わへん商品は並べんでええ」と言っています。かつては本社が推す戦略商品を、会社総出で売っていました。でも、いまやアイテム数が千を超えるほど豊かになったおかげで、そこからチョイスするだけでも店ごとの個性が出せるわけです。

その店長が「いまの季節なら、この菓子がおいしいと私は思う。お客様には、ぜひこれを食べてほしい」と本気で思っていれば、その気持ちは伝わるものです。うちの店ではこれしか売らない、ということがあっていい。

さらに言えば、店舗のほうから「うちの地域にはこんなニーズがあるので、こういう商品を作ってほしい」という要望が本社へ上がってきてほしいのです。残念ながら、まだそこまで理想的な展開にはなっていませんが。

唯一、数年前にある店長が、ふわふわしたカップケーキのようなカステラを提案してきたことがあります。カステラは一日寝かせたほうが、生地が落ち着いておいしい。でも、工夫すれば、焼きたてのほうがおいしいカステラだって作れる。

この「菓《か》さらさ」という新宿小田急限定の商品は人気を呼びました。そしてそれがいま「八幡カステラ」と名前を変えて、ラ コリーナのカステラショップの看板商品に昇格しています。

かつては本社に全店長を集めて店長会議なるものをやっていましたが、私の代になってやめてしまいました。忙しい人間が全国から集まって、愚痴大会をやる意味はない。これこそ精査して削るべき仕事の最たるものです。

アリはそれぞれが勝手に動いているのに、全体としては集団の利益にかなう行動になって

看板商品になった「八幡カステラ」

いる。いま求められているのは、本社の指示に忠実に従う人間ではなく、自分で考え、自発的に動く人間だと思うのです。

以前は「これは全店長の総意です」で物事が決まることも多かった。「リサーチした結果がこれです」とか。いま私は必ず「それで、あなたの意見は？」と聞きます。その人自身の考えを、自分の言葉で語ってほしい。百人ぶんの意見を集めるより、自分の意見を作ることのほうに力を注いでほしい。

経営者にとってもっとも大切なのは「聞く力」だと思っていますから、自分と意見が違っても、その人の言葉に自信が感じられたら、最後まで聞きます。一方、自分なりの考えがない人は、すぐわかります。ペラペラの薄い内容を、時間ばっかりかけて語るので。そういう提案を受け入れることは絶対にありません。

一人一人が「私がたねやや」と思うようになれば、いまのように社長ばかり講演に行ったり、グランシェフばかりメディアに出たりする必要がなくなります。現場の人間がどんどんメディアに出てしゃべればいい。そのためにも意識改革が必要なのです。

総支配人はすべて女性

たねやグループは非常に女性の多い会社です。全スタッフの七割は女性。特に多い職場が店舗です。

かつて店に立つ人間のほとんどは男性でした。いまやその九割は女性。四十七人いる店長の七割も女性です。店長をたばねるのが、エリアマネージャーに当たる総支配人。総支配人は、たねやに滋賀県担当、東日本担当、西日本担当の三人、クラブハリエに一人いますが、これも全員が女性です。その上に部長が七人いますが、うち二人が女性です。

製造より販売の現場に女性が多いのは、理由があります。和菓子職人は一人前になるのに十年十五年かかる世界。しかも、ちょっと現場を離れると勘が鈍ってしまう。毎日毎日、一年中やり続けることが重要なので、結婚・出産などで会社を離れることもある女性には、なかなか厳しい。和菓子工場はまだまだ男の世界です。

一方、洋菓子のほうは三〜五年で一人前と言われますから、まだそちらのほうが多い。八日市の杜を仕切っているシェフは女性です。

相手が男性だから、女性だからということで、私が求める内容が変わることはありません。ただ、やはり女性は女性相手のほうが相談しやすいようで、総支配人が全員女性なのは、女性店長が話しやすいように、という狙いはあります。

女性が働きやすい職場にすることは、つねに考えています。父の時代、愛知川工場のな

食育重視の「おにぎり保育園」

かに企業内保育園を設けました。「おにぎり保育園」です。私も青年会議所でドイツのシュタイナー教育を研究したことがあるので、子供の自発性を伸ばすような教育を心がけています。特に食育に力を入れている。
園舎の中央ホールにオープンキッチンがあって、昼ご飯の調理を見られるようになっています。使う野菜は、園児たちが自分で育てたもの。面白いことに、野菜嫌いだった子供も、自分で作った野菜だと食べる。最近の子供は野菜に土がついていると「汚い」と嫌がるそうですが、ここでは自分で育てていますから、当たり前だと思っている。
夏場は裸足ですし、なるべく外で自然を感じさせるようにしている。五感で感じることを重視する。まさに「自然に学ぶ」保育園です。二〇〇四年の開園ですから、取り組みとしてはずいぶん早かった。
社員でもパートでも子供を入れられますが、なにしろ定員四十人しかない。愛知川工場だけで三百五十人近い人が働いていますから、全然足りません。保育園を作ったことで長く勤めていただくスタッフが増えたとはいえ、まだまだ象徴的な存在でしかないと思います。いずれはラ　コリーナにも「森の保育園」を作るつもりですが。

そこで、午前中だけとか午後だけとか、働き方を柔軟に選べるようにしました。例えば土日は子供と一緒に過ごしたいお母さんがいる。ラ　コリーナが忙しいのは週末ですが、デパートはむしろ平日のほうが忙しい。週末に休みが欲しい方はデパートの店舗で働けばいいわけです。

ほかにも、休みをまとめてとれるようにしたり、産休をとった場合も、元の役職で復帰できたりと、いろんな工夫をしています。

女将・若女将の役割

もうひとつ、女性リーダーたちの心の支えになっているのが、女将の存在だと思います。日牟禮乃舍には女将、つまり私の母が、八日市の杜には若女将、つまり私の妻がいて、お母さん役・お姉さん役として、相談相手になっている。

もちろん新入社員が女将に相談をもちかけることはありませんが、部長や総支配人、店長クラスがよく話を聞きに行っています。ここをこう改善しろとかいう具体的なアドバイスではなく、「そういうやり方はたねや的ではない」みたいな、たねや精神を伝えていく役割です。

こういう形が菓子屋で一般的なのか珍しいのか、私にもわかりませんが、近江商人的だとは言えるのかもしれない。江戸など他国の店で働いているのは住み込みの近江出身者ですから、主人を筆頭に全員が働き手です。フルに働ける人しかいない。とにかく現場主義で、体の空いている者はすべて行商に行けと。その一方、近江の本店には主人の妻が残り、若手の教育係を引き受ける。

日牟禮乃舍にも八日市の杜にも店長はいます。そういう実戦部隊の長とは別に、相談役として女将・若女将がいるということです。なぜ日牟禮と八日市かといえば、古くからご贔屓にしていただいているお客様が多いから。お得意様の相手をしつつ、スタッフの教育をやるわけです。

私は会社の外に出て、地域のことを中心にやる。弟は製造全体をしっかり見る。母と妻は店舗の様子を気にかける。役割分担です。

父が盛んに言っていた現場主義は、私の代になって加速していると思います。無駄な会議はいっさいやめた。私が出席するのは経営会議と人事会議ぐらいです。「会社には予定が入っていれば来る」と言っていますが、社長がそれぐらい距離を置くほうが、部下は「考えるアリ」になってくれるものです。

製造本部単位とか営業本部単位で会議をやることはあるでしょうが、以前より減っているはずです。部長たちにも口うるさく「現場へ行け」と言っています。情報が欲しいなら、本社で報告を待っているより現場に入るほうが早い。だから営業部長もほとんど本社にいません。

新人研修は三日間だけ

新入社員の教育も同様に現場主義です。二〇一八年は百四人が入社しました。以前はこれだけ多くの人を本社に集めて、一ヵ月間も研修をやっていたのですが、いまは三日間しかやりません。本社に集めて、どういう土地でたねやが育ったかを見せたあとは、すぐ店舗に入れます。

即戦力と言えば聞こえはいいですが、学校を出たばっかりなので何もできません。包装もレジ打ちも、お客様との会話もできない。でも、そこで「私にできることは何かないか？」と考えさせることが重要なのです。「掃除だけは一所懸命やります」でも「挨拶だけは大きな声でやります」でも「ずっと笑顔でいます」でもいいのです。いま自分ができる最大限のことを見つけ出すことが、社会人としての第一歩です。

店によってカラーが違いますから、教育は各店長に任せる。三ヵ月ぐらいたったところで本社に再び集めてフォロー研修をやる。

細かく言えば「里親制度」と言って、二〜三年目の社員がマンツーマンで新入社員を教えます。新入社員時代の自分はどういうことに悩んだのか、まだ新鮮な記憶として残っていますから、効率がいい。

それに何より、二〜三年目社員自体の意識が変わるのです。言葉で人に教えるというのは、自分が動く以上に難しいことだからです。それで「あらためて本社へ勉強にきました」とか「部長の話を聞かせてください」とか、自発的に動く者が出てきます。里親制度はむしろ里親のためのリーダー研修といっていい。

早く現場へ放り込むほうが有効なのは、特に滋賀県の路面店の場合、古くからのお客様がいて、その人たちが店員をご指導くださることも多いからです。新入社員に「挨拶はもうちょっと元気にしなあかんよ」とか、新店長に「前の店長さんはこうやったで」と教えてくださることもある。たねやの菓子のことも、その土地の歳時のことも、むしろお客様のほうが詳しい。

昔の子供は親だけでなく、地域全体で育てました。外で悪さをすると、近所のおじさんに怒られた。そうしたコミュニティ感覚がまだ残っているのでしょう。特に滋賀県のお客様には「たねやは私らが育てるんや」「たねやは私らの店や」と愛着をもってくださっている方が多いのです。

二〜三年でローテーション

「考える組織」作りで大切なのは、個々のリーダーをどう育てるかだと思います。人間はまだアリほど賢くないので、さすがに全社員がそれぞれ勝手に動いたら、とんでもない事態になってしまう。店長レベルがそれぞれ勝手に動くぐらいで、いまのところ満足しておくべきなのかもしれません。

昔は店長になるのに十年ぐらいかかったものですが、いまは最短で二年ぐらいでなる人もいます（もちろん、学生時代にうちでアルバイトをしていたような特殊ケースですが）。少なくとも昔より全体に質が高い。

彼女たちを育てるには、とにかくいろんなお店を体験させること。二〜三年のローテーションで店舗を変えていきます。長い者で五年、短い者で一年ぐらい。できる店長ほど、どんどん異動がかかりますから、成長も早い。

昔ほど地域差はなくなっています。大阪でも東京でも福岡でも、上位十位に入ってくる菓子は同じです。のどごし一番　本生水羊羹、ふくみ天平、どらやき、たねや寒天、斗升最中、栗饅頭、清水白桃ゼリー、栗月下、近江栗子みち、ブルーベリーゼリーあたりで、ほとんど差はありません。

それでも、歳時に関しては違いが残っています。例えば節分だと、大阪では厄除まんじゅうがものすごく売れます。大阪にしかない現象です。和菓子は必ずその地域の行事や文化と関係がある。日本人がたどってきた道と切り離して考えることはできない。それを体感するだけでも勉強になります。

お客様に関しても大きな違いがあります。路面店のお客様とデパートのお客様ではまったく違うし、日本橋三越のお客様と梅田阪神のお客様でも違う。マニュアルがない以上、いろんなシーンを体験させることが大切です。

全国のデパートからお誘いを受けて、一ヵ月限定、二ヵ月限定といったシーズンショップをやっています。多い時期だと同時に十～十二店も出すことがある。こうしたシーズンショップの責任者を二～三回つとめた人間が、実店舗の店長に昇格します。

このとき大切なのは、たった一ヵ月のことであっても、店長としての正式な任命式をやることです。臨時の店だからといっていい加減な気持ちで臨むのでなく、自分は店長だという意識で乗り込ませる。自分がリーダーなのだから、すべての責任は自分にある。そう自覚することで、人は育ちます。上司からやらされているという気分では、いつまでたっても一人前にならない。

うちは販売もすべて自前でやる方針ですから、地方にシーズンショップを出すと、経費がものすごくかかる。二～三人が短期的にでも現地に移り住むので。でも、目的は儲けることではなく、一人でもたねやファンを増やすことなのです。初めて食べられるお客様に説明できないとダメですし、デパート側の責任者ともうまくやっていく必要があるので、鍛えられます。

新店オープンやリニューアルのとき以外、私はほとんど店舗を見にいきません。店長に任せた以上、彼女たちを萎縮させないほうがいい。彼女たち自身に考える力をつけてもらいたいので、私が指示するのは逆効果です。

私もずっと八日市店を仕切っていた人間ですから、店舗に行けば気になる部分が必ず見つかる。それを口に出せないとイライラがたまる。なので、行かないようにしている。店舗の指導は総支配人や部長がやればいいのです。

逆に、「勉強のためにラ コリーナを見にきなさい」とはよく言っています。ラ コリーナの店舗は商品の展示から店の飾りつけまで、すべて私がやっていますので。店員が「お客様に見られている」という意識をもって仕事をすることも含め、ラ コリーナのクオリティは高いと思っています。

ロスを評価の基準にする

専務時代、父がほとんど私の意見を聞いてくれなかった話はしました。ただ、それはどんな菓子を作るか、それをどう売るかといった、菓子に関する部分。会社のあり方に関する部分は、お前の好きなように変えていけと。そこで当時から人事や評価のあり方など、管理にかかわることは、少しずつ変えてきました。

例えば、私も弟も、頑張った人が評価されるべきだという考え方です。そこで成果主義の考え方を取り入れることにしました。基本給の比率を下げて、能力給の比率を上げたのです。

ただ、普通の会社の成果主義とは、ちょっと評価の物差しが違うかもしれません。これを言うと驚かれるのですが、私も弟も、売上の数字にほとんど興味がないのです。どんぶり勘定と叱られるかもしれませんが、お客様の喜ばれる顔さえ見ていれば結果はあとからついてくる、と考えている。

そこで、予算制度をやめてしまいました。現場の人間が前年度の売上を気にしすぎると、今年はそれを上回ることばっかり考えて、無理をする。ときにはお客様に一声かけて、無理に何かをおすすめするような事態になる。

工場へ無理に発注しますから、ロスも膨大に出てしまいます。生産農家の方々にたいへん申し訳ないことをしているわけです。「この食材は金を出して買ったんやから、うちのもんや。食べようが捨てようが、こっちの勝手やろ」という考え方は、たねや精神に大きく反しています。

こういうことも起きます。ある店舗の調子がすごく良くて、このままいけば売上は去年の倍までいきそうだ。でも、今年倍になってしまうと、来年、それを上回るのが厳しくなる。今年も来年も売上増という実績を残すためには、今年の売上は倍にならないほうがいい。それで意図的にペースダウンするわけです。

結局は、自分の成績しか見ていない。お客様のほうを向いていないのです。予算制度があるがために、それを達成することしか考えないようになった。これは評価の方法に問題があるわけです。そこで売上を増やしたら評価を上げる方向性から、ロスを出したら評価を下げる方向性に変えた。

これは製造現場についても同様です。製造数だけ上げてロスが出ても気にしないような風潮を改めるため、ロスを評価の基準にした。修業時代に師匠からさんざん言われた「無駄にしたらあかん」を具現化したわけです。

だから、現在のたねやグループには予算もノルマもありません。会社として売上を意識しなくなった。あえて言えば経常利益のほうを重視しています。

店長から園長へ

働き方改革の根底にあるのは、それぞれのスタッフに自覚をもって働いてほしいという願いです。

職人でいえば、より高い技術を目指す。洋菓子の場合、世界チャンピオンを目指すなかで切磋琢磨する好循環が生まれています。一方、和菓子のコンテストは多くないし、頑張っても日本チャンピオンしかない。そこで、たねやアカデミーという教育制度を用意しています。

毎年五〜六人の社員が選ばれて、一年かけてさまざまな和菓子作りを学びます。普通に働いていれば、最中を作るセクションに入ったら、しばらく最中ばっかりになります。その間、包餡の技術を学ぶこともないし、水羊羹の作り方を学ぶこともない。全体が見えないわけです。

そこで、忙しい部署に応援にいく形で、一年のあいだにさまざまな部署を経験させる。さらに、取引先の方々にもご協力いただき、菓子の基本的な知識を身につけさせる。衛生学を教える授業もあります。

私の通っていた製菓学校は、もっと包括的なカリキュラムでした。学ぶ配合も基本中の基本で、それ自体はおいしくない。各菓子屋がそこにプラスすることで、おいしくするわけです。たねやにはすでにおいしく作る配合があるのですから、アカデミーではたねやの配合を学べばいい。

こうした職人たちも、入社したときは店舗に入ります。まずはお客様に接する現場を体験したうえで製造現場に入る。そのあとは適性を見ながら、どんどんローテーションをかけていきます。最終的に餡場に入る職人だって、最初の十年間はいろんな部署を体験させます。和菓子の職人が洋菓子の職人になるとか、洋菓子の職人が和菓子の職人になるとかは、日常茶飯事です。

私たちが他の菓子屋より恵まれているのは、規模が大きいぶん、さまざまな部署があることです。どこかで自分に合う仕事が見つけられる。

たねやの店長として和菓子を売っていた者が、クラブハリエの店長として洋菓子を売るようになるのは当たり前。「ラ コリーナ近江八幡造園」のいまの園長は、もともと東京や名古屋で店長をしていた者です。かつて物流部にいたのに、いまは洋菓子の職人をしている者もいます。いまの管理本部長もずっと店頭に立ってきた人間で、経理とか総務とかいった仕事を経験したことがありません。

目の前の仕事に行き詰まりを感じたとき、まったく違う選択肢が用意されているのは大きい。社員が会社を辞める前に、その人がキラリと光ることのできる場所を見つけてあげるのも上司の仕事でしょう。

もちろん、専門知識や資格を必要とする部署はあります。経理部、品質保証室、アート室などです。それ以外の部署に関しては、「三年ぐらいでどんどん回していけ」と言っています。これも私の代になって大きく変わったことのひとつでしょう。

自分の後釜を育てろ

父が家族連れで乗り込んだ初代八日市店も、それをリニューアルして私が指揮をとった八日市玻璃絵館も、洋菓子に力を入れていた話はしました。現在の八日市の杜も同様に、洋菓子の修業の場という位置づけです。ここで腕を磨いて上を目指すもよし、独立するもよしです。

ここでシェフをやっていた者が二〇一八年二月で辞めて、京都に自分の店を開くことになりました。弟が優勝した翌々年のＷＰＴＣで優勝した人間で、二〇一五年のワールドチョコレートマスターズでも二位を獲得。クラブハリエのチョコレートのクオリティを飛躍的に向上させた功労者といえます。

彼が辞めると言っても、私たちは止めません。応援しますし、万が一、うまくいかなくて戻ってきた場合も、快く受け入れるつもりです（独立する者は二〜三年に一人いますが、シェフとして優秀かと、経営者として優秀かは必ずしも一致しないのです）。

たねやが急成長した時期、ずいぶん職人を引き抜かれて、父がカリカリしていた時期がありました。いまも他の菓子屋と話すと、そういう話題が出ることが多い。「配合ごと持っていかれた」とカンカンになっておられる。でも、そんなことに悩まされるのは生産的ではありません。私はいつも「配合なんか持っていったらええ。去る者は追わずや」と言っています。

問題はそこではないのです。職人が抜けたとき、すぐ穴を埋められるかどうかのほうにある。うしろ向きな話で若者の夢を壊すのでなく、彼らが「早くシェフになりたい！」と思うような環境を作らないといけない。

八日市の杜の場合は、草津近鉄店でフルーツを主体にしたケーキを作っていた女性シェフが入り、瞬く間に穴を埋めました。女性シェフになったことで明らかに女性客が増えましたし、チョコレートだけでなくフルーツというウリもできた。ちなみに彼女も日本チャンピオンのタイトルをもっています。

私が部長や店長につねづね言っているのは、自分の後釜を育てろということ。自分が倒れたとき代わりがいないようでは、その人はリーダー失格です。「自分の居場所がなくなるとか、変なサラリーマン根性を見せたらあかん」と。私が社長という役割を一時的に預かっているのと同様、彼女たちも部長や店長という役割を一時的に預かっているだけなのですから。

幸い、クラブハリエは日の出の勢いですし、世界チャンピオンを目指して切磋琢磨する雰囲気がある。職人が次から次へと育っています。早くシェフになりたい人が多いので、シェフが辞めても「チャンス到来！」と受け止めていることでしょう。

問題があるとすれば人材ではなく、商品構成ぐらいだろうと思います。なにしろ売上の八割がバームクーヘンなのです。

たねやに季節ごとに複数の柱があるのと比べると、クラブハリエはバームクーヘンに偏りすぎです。「バームクーヘンに甘えすぎやから、それだけ別会社にして切り離したほうがええんと違うか？」と言っているぐらいです。ひとつの商品に頼りすぎると、その商品がダメになったとき、危機的な状況に陥ります。

これは他の菓子屋も同様で、例えば伊勢の赤福さんも、前から「赤福しか売れない」と困っておられました。さまざまな和菓子を開発して、状況を打開しようとされましたが、「朔日餅《ついたちもち》」が大ヒットするまでだいぶ時間がかかったようです。

そういう意味で、クラブハリエのチョコレートがここ数年で、バレンタインの売上が好調だったという意味は大きい。第二の柱が育ちつつあるわけですから。さらにその次の柱をどう育てていくかが次の課題です。

第六章　変わるもの、変わらないもの

伝統とは「変える」こと

長年、ご愛顧いただいている地元のお客様から、こんな声をかけられることがあります。

「たねやの栗饅頭はずっと変わらへん。いつ食べてもおいしいわ」

いえいえ、そんなことはありません。私の代になって、ほぼすべての商品の味を変えた話はしました。そうした大幅な変更とは別に、小さなマイナーチェンジは日々おこなっています。クラブハリエの商品も同様です。バームクーヘンだって、ずいぶん味を変えてきている。

人々の味の好みは変化しています。それに合わせて菓子の味も食感も変わって当然なのです。

父が祖父のレシピで栗饅頭を作ってくれたことがあります。もう甘ったるくて、二口と食べられませんでした。それを甘さ控えめにしたのが父のレシピですが、私はその砂糖の量を半分にしたわけです。

戦後しばらくは、砂糖を固めただけで売れた時代です。人々は甘いものに飢えていたから、そのほうが良かった。そんな時代に求められるものと、現代に求められるものは違う。健康志向の強い現代は、より甘さをおさえた菓子が求められます。

父からくり返し言われたのは、「主人がすべての味を決めるんや。それができんのやったら、継いだらあかん」。代が変われば味が変わるのを当然と考えているから、私がふくみ天平や栗饅頭の味をいじっても、一言の文句も言わなかった。

主人が変わったら味を変えるのは、そこでいったんリセットし、新しい時代の嗜好に近づけていく知恵なのでしょう。

もし祖父のレシピをいまも守り続けていたら、間違いなく栗饅頭は売れていません。「伝統を守る」という言葉をよく耳にしますが、守っていたら、たねやは潰れていた。私は伝統とは「続けること」だと思っています。では、続けるために何をすべきなのか？　時代に合わせて変えるしかない。伝統を守るとは、変えることなのです。

ただし、変えたことがお客様にわかるようでは、話になりません。大きく変えているのに「昔から変わらん味やなあ」と言っていただいてはじめてプロなのです。

伝統は絶対なのか？

茶道の先生から「有平糖で主菓子を作って」と頼まれ、和菓子屋としては、とまどうことがあります。第二章でも説明したように、有平糖は高温で煮詰めているのでパリッとした食感が持ち味です。食べるとカリカリ音がするし、歯にくっつくこともある。お茶会に向いた菓子だとは思えないのです。

すると先生のほうからは「ボロボロと崩れるような食感の有平糖にして」というリクエストが出る。「それは有平糖とは違うんやけどなあ」と思いつつ、お引き受けします。こうやって少しずつ伝統も変わっていくのかもしれません。

製菓学校に通っていたとき、古代の菓子を食べる授業がありました。木の実が主体で、もちろん砂糖は入っていません（まだ日本に伝わっていなかった）。小麦粉や餅粉で作った生地はカチカチで、食べられたものではありませんでした。そうした「伝統」を守らず、少しずつ進化させてきたからこそ、今日の和菓子があるのです。

そういう意味で、あまり狭義の和菓子の定義にこだわるのは、どうかと思います。オリーブ大福のように外国の食材を取り入れることで、新しい和菓子が生まれたっていい。枠を飛び越える勇気をもたないと、菓子は進化していきません。そこらへんは大胆にやるべきだと考えています。

洋菓子の世界では、和の食材を普通に使いますし、わりと自由にやる雰囲気があります。それに比べると和菓子の世界はかたくなで、妙に堅苦しく考えるところがある。「こんなん和菓子と違う」という声が上がりがちです。

でも、よく見ると、和菓子の世界もけっこういい加減なのです。教科書には、植物性の材料だけを使うのが和菓子の特徴で、動物性の材料を使うのは洋菓子だ、と書いてあります。でも、カステラは卵を使うのに、和菓子扱いです。

カステラが洋菓子屋で売られることはほぼありません。包装紙もたいてい和紙が使われている。そもそもはポルトガルの菓子なのに、伝わった時代が古いというだけで、なぜか和菓子扱いされている。金平糖や有平糖も同様です。

その程度の「伝統」なのに、自分を縛る意味はあまりないと思います。自宅に畳の部屋がある人が、いまどれぐらいいるでしょう。着物姿で畳に正座して、お茶と一緒に食べるのが和菓子だと考えるところに無理がある。椅子に座って、紅茶やワインと一緒に楽しむ和菓子だって開発していくべきだと思います。

要は、あまり和菓子だとか洋菓子だとかいう区別をうるさく考えない。そういう枠組みを取り払って「たねやの菓子」という括りで考えたほうがいい。「オリーブオイルを使って、たねやが表現する菓子はこうです」という出し方です。

ラ コリーナでは近江の原風景を取り戻すと同時に、新しいものを付け加える努力をしていますが、菓子だって同じだと思うのです。日本人が忘れつつある歳時菓子にスポットを当て、先祖からの伝統を引き継ぐ。その一方で、伝統に縛られない、新しい菓子を生み出していく。両方やらないといけない。

洋菓子に駆逐されている

この三十年で、和菓子屋の数は半分近くに減っています。うちにも京都や東京の和菓子屋から、ブランドごと買い取ってくれという依頼がけっこうきます。他社を次々と買収して、どんどん大きくなっていくのは、私どもの企業理念でないとご説明して、お断りするのですが。

デパートの菓子売場は、洋菓子に席巻されています。二十年前、一等地には和菓子屋が並んでいたものですが、いまや隅に追いやられました。

たねやも、クラブハリエの売上に抜かれつつある。クラブハリエの店舗数が少ないから、たねやの売上が上回っているだけの話で、もし店舗数が同じだったら、すでにクラブハリエに負けています。私が八日市店に入って「なんとかたねやに追いつこう」と頑張っていたのが嘘のようです。

近江八幡の小学校で、「この一年間に和菓子を何回食べましたか？」と聞いたことがあります。一度も食べなかった生徒がけっこういました。だから、小さい頃から馴染んでもらおうと、小学校に和菓子を配る活動も始めました。

バレンタイン、クリスマス、ハロウィーン……。実は洋菓子の隆盛も歳時とは切っても切り離せないものです。ところが、ちょっと前まで存在しなかったハロウィーンが大いに盛り上がる一方、日本の歳時は節分も、ひな祭りも、端午の節句も、影が薄くなってしまった。いろんな意味で、大きな問題だと思います。

いま結婚式といえばウェディングケーキです。新郎・新婦がナイフを入れて、切り分けたものを出席者が持ち帰る。でも、料理屋で結婚式を挙げていた頃は、それは和菓子の仕事だったのです（まさに祖父が狙ったニーズです）。

そんな危機的な状況にあるのに、「オリーブ大福は和菓子やない」なんて言っている場合ではありません。どんなことでも試してみる価値はある。

たまに「山本さんはヒット商品ばかり連発されますね」と言われることがあるのですが、そんなことはありえません。ヒット作の陰には、山のような失敗作がある。気づかれないよう、静かにフェードアウトさせているだけです。

ただ、危機管理は必要です。どんなに自信があっても、新商品であるかぎりは最小限のロットしか作らない。失敗してもダメージにならないよう、事前に手を打っておく。店頭で商品が足りなくなっても、それが逆に人気に火をつけるケースもあるのですから、無理はしないということです。

選ぶのはお客様です。菓子の可否を判断できる場所は、工場ではなく、店頭だということ。そこは謙虚になりつつ、何でも試してみる勇気が必要だと思います。

小さけりゃ売れるのか？

人々が何を求めているかを知る。「空気感」としか表現しようがないですが、時代の空気感をとらえる感性が必要です。これは別に新商品を開発することに限りません。「出し方」だけで、ずいぶん結果が変わってくる。

例えば気候の影響です。例年、うちではゼリーを五月から売り始めますが、寒かったら売れるはずがない。そんな年は製造計画を変更して、ゼリーは少なめに、饅頭を多めに作るとか調整すべきでしょう。

サイズについても同様です。健康志向なのか、最近は小さめの菓子のほうがよく売れます。クラブハリエのバームクーヘンの出荷量は一日二万個と、日本最大です。実は、そのうち六割ぐらいは、通常サイズでなくミニサイズなのです。将来、バームクーヘンと聞いたとき、みんな小さいサイズのものを思い浮かべるようになるかもしれません。焼く手間はミニサイズのほうがかかるので、「いずれミニばっかりになるんじゃないか」と製造現場は戦々恐々です。

ケーキも、かつてはデコレーションケーキのようなホールが主流でしたが、最近はカットした小さいものが人気です。饅頭でも、たねや饅頭や末廣饅頭は、一口で食べられるサイズにしてあります。

それなら、すべて小さく作ればいいかというと、そうでもないのです。プリンはボリュームがあったほうが売れます。たねや長寿芋もそうで、大きめに作らないと売れない。饅頭は一口のほうがいいけれど、芋はガバッと食べたいということなのでしょうか。理由がわからないので、様子を見ながらやるしかありません。

バームクーヘンはミニ志向に

面白いのは、おはぎ。うちでは小さいサイズにして、人気を呼びました。すると他社が追随して、みんながみんな小さく作るようになった。そこで四年前から、逆に大きいものを作るようにしたのです。すると、再び売れ出しました。同業他社の逆を行くことも、ときには必要なのでしょう。

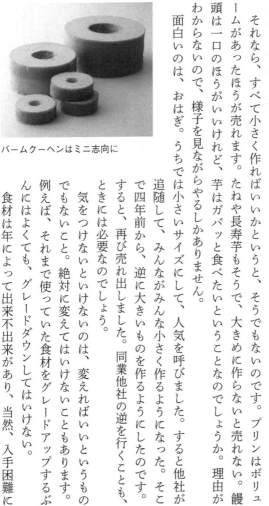

気をつけないといけないのは、変えればいいというものでもないこと。絶対に変えてはいけないこともあります。例えば、それまで使っていた食材をグレードアップするぶんにはよくても、グレードダウンしてはいけない。

食材は年によって出来不出来があり、当然、入手困難になるときがあります。そういうときは、無理して作らない。「今年は不作だから、こんな栗を使ってますけど、事情が事情なので辛抱してくださいね」では、ブランド価値を棄損してしまう。

たねやの菓子は高い。でも、千五百円を払っても、二千円の価値がある。そういう信頼があるから、商いが成立している。その信頼を裏切るぐらいなら、「今年は作りません」と頭を下げるほうがいい。それがブランドを守るという意味です。

二〇〇四年、ＢＳＥ（牛海綿状脳症）問題でアメリカから牛肉が入らなくなったとき、吉野家さんは牛丼の販売を中止されました。看板商品の販売を止めてまでブランドを守られたのです。本当に勇気のいる判断だったと思いますし、ブランドとは何かを本当によく考えておられるのだと感心しました。

容器を逆さまにしたら売れ出した

ほんのちょっとした工夫で売れ出すこともあります。例えば、のどごし一番　本生水羊羹。無殺菌で作られた水羊羹はほかに存在しませんから、これまで体験したことのない味わいで売れたと思います。でも、まだ認知されていない時代は、まず売場で注目を浴びないと始まらない。一口食べてはじめて、味の違いがわかるわけですから。

そこで、容器を逆さまにして並べてみたのです。「蓋を見せたってしょうがないやろう」という判断。とはいえ、プラスチック製の容器は上部の蓋の部分が広く、下部の底の部分が狭くなっています。逆さまにすると富士山のような形になって、小さく見える。こんな売り方はタブーですから、業界で笑われました。

では、結果はどうだったか？ 当時の水羊羹は缶詰ばかりで、中身が見えない。うちの容器は透明で中身が見えるうえに、逆さまにしているから、より紫色の小豆が目立つ。清涼感があるということで、商品が動き出しました。ときには発想を変えて、タブーに挑戦することも大切なのです。

小豆の色を目立たせたら売れ出した

もちろん、すべての商品にこの作戦が通用するかというと、そんなことはありません。その商品のイメージを考えながら「見せ方」を工夫するということ。

例えば栗饅頭は素朴なお菓子。そもそもデパートで売るものとは思われていなかったぐらい、庶民的な食べ物です。そんなものを豪華絢爛なパッケージにしたら、絶対に売れません。栗饅頭には、変に凝らない素朴なパッケージのほうがいい。どらやきも同様に庶民的な菓子なので、透明なフィルムで包むぐらいで十分です。

要は、中身だけではダメなのです。おいしい菓子を作るのは当然ですが、その先の「見せる工夫」もセットで考えないといけない。お客様は、まずはパッケージを見て入ってくるのですから。職人気質の菓子屋になるほど、こうしたことへの関心が低いように思います。

たねやでは父の時代からアート室を作って、菓子のパッケージも包装紙も箱も、そして店舗のディスプレーも自分たちでやっています。「菓子は自分の子供や。きれいなべべ（着物）着せてやるのが親のつとめやろう」と。

アート室には六人のスタッフがいますが、デザインまで内製化している菓子屋はほかにないと思います（まあ、他社はうちほど頻繁に店舗のディスプレーを変えたりしていないのですが）。

私の代になってアート室を社長直属にし、よりデザインに力を入れています。デザインから商品開発が始まることもあるぐらいです。

理想のパッケージはみかんの皮

何が入るかによって、パッケージは変わってきます。

リーフパイのような油を使ったものはアルミ蒸着フィルムで包みますが、光を遮断して酸化を防ぐためです。逆にいえば、薯蕷饅頭のような油を使っていないものに、アルミ蒸いとけない。

着フィルムを使う必要はない。すべては、それぞれの商品を中心に置いて発想していかないといけない。

パッケージの理想形は「みかんの皮」だと考えています。外から見ただけで中身が直観的に判断できる。青かったらまだ甘くないし、カビがついていたら中身は傷んでいる。触っただけでも、どの程度熟しているか判断できます。

落としても、ある程度のクッション性がある。しかも、捨てたら土に戻ります。オレンジ色の皮の中心に緑色のヘタがあるだけで、とてもおいしそうに見えます。シンプルでありつつ、必要十分の役割を果たしている。

私の代になって白一色のパッケージが増えていると言いました。みかんの皮のように、極力シンプルにしていこうという方針なのです。過剰なものにするぐらいなら、白一色のほうがまだいい。

これから取り組むのは、プラスチックをゼロにすること。契約の問題があってまだ名前は明かせないのですが、某製紙会社と一緒になって、プラスチック容器を徐々に紙容器に入れ替えていきます。

紙を顕微鏡で見ると、木の繊維が見えます。それが見えないほど小さな粒子にする技術が開発中で、紙の容器でも密閉能力を高められる。いずれは透明な紙容器を作ることも可能だということです。

技術としては未完成なのに、この時点で協力するのは、紙容器は土に還るからです。たねやは国連で採択された「ＳＤＧｓ（持続可能な開発目標）」という理念に賛同し、会社を挙げて取り組んでいます。ラ　コリーナの理念とも非常に近い。

未完成の技術ですから、少しずつ置き換えていく感じになるでしょうが、将来的にはプラスチック・ゼロを目指します。業界で最初に取り組む以上、開発費用はかかるのです。でも、うちが先んじてやることで技術が進めば、製造コストも安くなって、業界全体に広がっていく。そうなれば、持続可能な社会に近づく。これこそ私たちが取り組むべき「世間よし」だと思っています。

地域限定商品を増やす

クラブハリエのバームクーヘンの箱は、全店共通の市松模様の箱のほかに、各店オリジナルの箱を用意しています。その店にしかない箱が手に入るのですから、コレクションされている方もいます。

実はふくみ天平も同様で、店によって箱や包装紙を変えている。例えば梅田阪神店であれば、梅をモチーフとしたデザインになっています。

最近はさらに進んで、その店でしか買えないオリジナル商品も増やしています。梅田阪神店なら、とらやき。どらやきの皮を虎の模様に焼いたもので、熱狂的な阪神タイガースのファンへアピールした商品です。一方、新宿小田急店のどらやきは、黒糖を使った蒸しどらやきになる。渋谷東急本店なら黒蜜をかける渋谷餅、神戸大丸店では黒糖ラスク。八日市の杜は永源寺が近いことから、自社生産のヨモギをふんだんに使った永源寺よもぎ餅……。

梅田阪神店限定の「とらやき」

たねやの和菓子はお茶と一緒に食べることを想定してきましたので、抹茶を使った商品がありません。しかし、五月の新茶の季節だけは、京都髙島屋店限定でお茶を使った商品が並びます。抹茶であったり、ほうじ茶であったりしますが。もちろん宇治茶の本場ということで、京都だけで提供しているわけです。いわば、地域限定と季節限定の合わせ技ですね。

父の時代、「その季節にしか買えない」菓子を増やしたので、お客様は「先週行ったばかりだけど、今週も行ってみようか」という気分になった。私の時代になって「その店でしか買えない」という要素を付け加えたのは、お客様に

「守山玻璃絵館はいつも使ってるから、週末、ドライブがてら彦根美濠《みほり》の舎《や》まで足を伸ばしてみようか」なんて思っていただくためです。

たねやとクラブハリエを合わせて、東京には十店舗、大阪にも十店舗あります。わりと狭い範囲に店舗が集中しているエリアがある。そこでしか買えない商品が存在すれば、「近くに来たついでに、別の店舗に行ってみようかな」という気持ちになります。インターネットで何でも取り寄せられる時代、わざわざ店まで足を運んでいただくには、そういう工夫が必要なのです。

逆にインターネット通販では、すべての商品を売ることもできるわけですが、あえてウェブ限定商品を増やしつつあります。アイスクリームのような冷凍ものが多い。あとは冷凍で送って、解凍して食べるもの。タルト・カマンベールや栗落雁がそうです。栗落雁というのは、裏ごしした栗に砂糖を加えて押し固めた、栗そのものといっていい菓子で、「解けた瞬間が食べごろ」です。

普段は特定の店でしか買えない商品を、一週間限定でウェブ販売したりもします。

インターネット通販の売上は全体の八パーセントと、まだまだ店舗で買われるお客様が圧倒的です。とはいえ、わざわざホームページをご覧いただいたわけですから、そこでしか買えない商品をご用意するのは当然だと思うのです。

クするからです。

珍しい蝶が見られたからええか

昔はパンフレットに全商品を載せなきゃいけないと躍起になっていました。いまはそんな必要はないと言っています。お客様にとってみれば「思わぬ発見」があるほうがワクワクするからです。

特にクラブハリエは店によって品揃えが違うので、お客様のほうが店員より詳しいぐらいです。クーラーボックスを抱えて各店舗でケーキを買い、シェフによる味の違いを比べる方までいらっしゃる。

その店でしか買えない商品が増えているので、ときに店員が「○○店では××を売ってたよ。ここでは売らへんの?」と聞かれて、面食らうことがあります。そこで他の店もたまに覗きに行けと指示しています。そういう努力のなかから、店舗発のオリジナル商品が生まれてくるのです。

すべての情報がオープンにならないほうが魅力は増す、というのが私の考え方です。お店に来たからこそ見つかる部分を増やしていく。だからパンフレットにもホームページにも、全商品を載せる必要はない。

例えば、八日市の杜は若松天神社の敷地内にありますから、庭には巨木の森が広がって

八日市の杜の隠されたフクロウ

います。実はそこに、陶器製のフクロウを十体、隠してあります（森の再生を担当してくださった、ランドスケープアーキテクトの重野さんのアイデアです）。木の幹に止まっているものもあれば、根っこ近くに隠れているものもある。店のスタッフでも、すべてを見つけた者はまだおりません。

大々的に宣伝していませんから、この事実を知らないお客様もおられるでしょう。ご存じでも、すべてを見つけ出された方はいないはず。だからこそ楽しいのです。「やっと五羽目を見つけられたね。次は六羽目を探そうね」と、お子さんと話されている方もいるはずです。また来たくなる。

ラ コリーナの「Ｂｏｓｃｏ Ｄｅｌｌａ Ｍｅｍｏｒｉａ（記念の森）」計画についてはお話ししましたが、森のなかに作る予定の小さな店だって、必ずしも見つけられなくていいと考えています。「今回は無理だったね。次回は必ず」でいい。

もちろん、お客様をガッカリさせてはいけません。店が見つからなかったとしても、何らかの満足感が得られるよう工夫すべきです。

例えばチョコレートの店を探しにきたら、大福の店しか見つけられなかった。「でも、大福がビックリするほどおいしかったから、ええか」。あるいは、大福の店すら見つけられなかったけれど、天然記念物級の蝶やトンボを見つけた。「こんな珍しいの見たことないから、ええか」。目的のチョコレート店が見つけられなかったのに、別な満足感があった。そういう展開になったら最高です。

菓子は、べつに食べなくても生きていけるもの。絶対に不可欠な存在ではないのです。だからこそ、どうやってお客様をワクワクさせるか。そこに生き残るためのヒントがあると考えています。

健康になる菓子

これまでにない菓子を生み出したり、これまでにない売り方をしたり、これまでにない店舗を作ったり……。こうした「変える努力」の根本にあるのは、このままでは和菓子は消えてしまうのではないか、という危機感です。

これまで何度も指摘してきたように、和菓子の市場は大きく縮小しています。それに加えて、少子高齢化がある。母数自体が減っていくわけです。では、いったい何をすればいいのか？

年配のお客様が来店されたとき、よく聞く言葉は、「わしはもうええわ。そんな食べられへんし。それより孫に買うたるんや」。歳をとれば、当然、食べる量は減ります。そのぶん、お孫さんに買っているわけです。

和菓子の場合、こどもの日とかひな祭りとか、さまざまな歳時があるので、お孫さんに買うきっかけはあるのですが、洋菓子はそこが弱い。そこで、子供にも本当においしいお菓子を食べてもらいたいという思いで、「クラブハリエ　キッズ」というブランドを立ち上げました。

その一方で、年配のお客様自身が食べたくなる工夫も必要です。滋賀経済同友会の仲間と大学生・高校生を集めて、滋賀県の未来を考える会合を二ヵ月に一回やっているのですが、そこで学生さんから面白い意見が出たのです。

「近江八幡は終の棲家を目指すって言うけど、それなら病人になっても食べられる菓子があってもいいんじゃないですか？」

滋賀県の未来を語るなかで、ビジネスのヒントをもらえた。そこで「健康になる菓子」の研究を始めました。内科医の渡邉美和子先生（一般社団法人メディカルファーム代表理事）と組んで、糖尿病の人でも食べられる菓子や、小麦粉アレルギーの人でも食べられる菓子を開発する。

このプロジェクトからは、すでに商品が生まれています。「たねや寒天ドライトマト」のように、糖質を極限まで抑えた菓子。「からら」はバターや小麦粉を使わない焼き菓子で、種子や木の実でアクセントをつけてあります。玄米粉入りのものがあったり、カカオ入りのものがあったり、八丁味噌を混ぜたものがあったり、菓子としておいしく食べていただける工夫をしてあります。

健康のためにおいしさを犠牲にするようでは、プロとは言えません。プロの菓子屋としては、健康になりつつ、おいしいものを提供しないといけない。

三人に一人が六十五歳以上という社会は、もうそこまできています。そんな時代に求められるのは、「健康になる菓子」だと思うのです。「寝たきり老人」を減らし「動いたっきり老人」を増やすのが、私の夢です。

商いにゴールはないんや

社長になった瞬間から、「次の代」を育てることが、私の大きな仕事になりました。私たちの最大の関心は事業の継続にある。会社を潰すほど、社会にご迷惑をかけることはないと考えているからです。

私の長男はいま高校生ですが、私が子供のときと同様、変なものは食べさせないようにしています。舌を鈍らせないように。まあ、息子は父に連れられて出歩くことが多いので、私のときとは違って外食はするのですが、父と一緒ならいいものしか食べていないはずです。たねやの菓子も毎日持って帰って食べさせていますし、できるかぎり会社のイベントにも参加させています。バーベキュー大会でもボウリング大会でもブラックバス釣り大会でも。スタッフたちとかかわる時間を長くして、将来の事業継承がスムーズにいくよう心がけているわけです。

近江八幡が魅力的な町にならなければ、息子も地元に残りたいとは思わないでしょう。そっちも早急に手を打たないといけない。地域の再生と企業の継続は密接な関係にあるわけです。

やらなければならないことが山のようにあるし、やりたいことも山のようにあります。でも、焦らず一歩一歩です。「末廣正統苑」にも「走る勿《なか》れ　されど止《とど》まるは尚愚かなり」という言葉が出てきます。

父は祖父からよく言われたそうです。

「お前な、いまは気張ってやってるけど、あんまり飛ばすなよ。商売にスタートはあってもゴールはないんや。着実にやらんと、いずれ投げ出すことになる」

近江商人の教えそのものです。細く長くでいい。長いスパンで考えて、ときには木を植えるような迂遠な手も打つ。長く続けることこそ、商人の最大の仕事である。続けられないと、世間にご迷惑をかける。

周囲を見回しても、滋賀県には同じような価値観の会社が多いように思います。事業を継続させるという目的の部分は同じで、そのための方策として、商家ごとにいろんなバリエーションの家訓が存在している、ということかもしれません。

最後に、「末廣正統苑」から、こんな言葉を引きたいと思います。

「尚尚天平棒を肩に　生涯を歩みつづけ　次代へ　又次代へと『天平棒』を渡し　『歩み続ける』ことを継ぎ渡せし中より把へしものなれば　生命がけにて把へし寶の心なり」

自分はリレーランナーの一人にすぎない。同じことを先祖も考えていたのだと思うと、いまさらながら感動します。

時代が変わり、商品も売り方も変わります。変えることを恐れてはいけません。でも、ずっと変わらないものもある。商いの精神です。枝葉の部分は変わっても、幹の部分は昔と何も変わっていない。先人たちの精神を愚直に引き継いでいくことこそ、私なりの近江商人道なのかもしれません。

（企画・構成　丸本忠之）

（本文写真　佐々木芳郎／たねや提供）

講談社現代新書　2489

近江商人《おうみしょうにん》の哲学《てつがく》「たねや」に学《まな》ぶ商《あきな》いの基本《きほん》

二〇一八年八月二〇日第一刷発行　二〇二四年六月二一日第九刷発行

著　者　山本昌仁《やまもとまさひと》

発行者　森田浩章
発行所　株式会社講談社
東京都文京区音羽二丁目一二—二一　郵便番号一一二—八〇〇一
電　話　〇三—五三九五—三五二一　編集（現代新書）
〇三—五三九五—四四一五　販売
〇三—五三九五—三六一五　業務
装幀者　中島英樹
印刷所　株式会社ＫＰＳプロダクツ
製本所　株式会社ＫＰＳプロダクツ
定価はカバーに表示してあります　Printed in Japan

N.D.C. 360　253p　18cm
ISBN978-4-06-512903-6

「講談社現代新書」の刊行にあたって

教養は万人が身をもって養い創造すべきものであって、一部の専門家の占有物として、ただ一方的に人々の手もとに配布され伝達されうるものではありません。

しかし、不幸にしてわが国の現状では、教養の重要な養いとなるべき書物は、ほとんど講壇からの天下りや単なる解説に終始し、知識技術を真剣に希求する青少年・学生・一般民衆の根本的な疑問や興味は、けっして十分に答えられ、解きほぐされ、手引きされることがありません。万人の内奥から発した真正の教養への芽ばえが、こうして放置され、むなしく滅びさる運命にゆだねられているのです。

このことは、中・高校だけで教育をおわる人々の成長をはばんでいるだけでなく、大学に進んだり、インテリと目されたりする人々の精神力の健康さえもむしばみ、わが国の文化の実質をまことに脆弱なものにしています。単なる博識以上の根強い思索力・判断力、および確かな技術にささえられた教養を必要とする日本の将来にとって、これは真剣に憂慮されなければならない事態であるといわなければなりません。

わたしたちの「講談社現代新書」は、この事態の克服を意図して計画されたものです。これによってわたしたちは、講壇からの天下りでもなく、単なる解説書でもない、もっぱら万人の魂に生ずる初発的かつ根本的な問題をとらえ、掘り起こし、手引きし、しかも最新の知識への展望を万人に確立させる書物を、新しく世の中に送り出したいと念願しています。

わたしたちは、創業以来民衆を対象とする啓蒙の仕事に専心してきた講談社にとって、これこそもっともふさわしい課題であり、伝統ある出版社としての義務でもあると考えているのです。

一九六四年四月　野間省一